AF465352

JÉRUSALEM

TYPOGRAPHIE DE CH. LAHURE
Imprimeur du Sénat et de la Cour de Cassation
rue de Vaugirard, 9

JÉRUSALEM

NOTES DE VOYAGE

PAR

LE COMTE DE LÉTOURVILLE

PARIS

AMYOT, ÉDITEUR, 8, RUE DE LA PAIX

M DCCC LVI

AVANT-PROPOS.

Lorsque je parcourus l'Orient, je n'avais d'autre but que de m'instruire. En égoïste, je ne voyais que pour moi; je ne pensais pas au public.

Au retour, je relus mes notes : tout le monde a un peu parlé de Jérusalem, pourtant alors, une mauvaise vanité d'auteur me fit croire qu'on n'avait pas absolument tout dit, et je tirai de mon journal de voyage ces quelques pages sur la Ville Sainte.

Elles n'ont d'autre mérite que d'être d'une exactitude scrupuleuse.

Je les écrivis sans ordre, sous la tente, pendant la halte au bord du torrent ou de la citerne; avec le secours des seuls auteurs que je portasse en croupe dans mon portemanteau.

Aujourd'hui, je les livre aux lecteurs sans autre préparation que de les avoir réunies et mises en ordre.

JÉRUSALEM.

I

Arrivée à Jérusalem.

..... Les environs de la ville sainte la font pressentir ; à l'aridité plus désolante, au silence qui augmente, à l'aspect de mort qui l'environne, le voyageur devine la ville déicide, et à chaque nouveau détour du chemin il s'attend à la voir apparaître.

La végétation a cessé : vous ne trouvez plus ni le palmier de Jaffa, ni le caroubier du désert de Saint-Jean, ni les vignes confuses de la vallée de Térébinthe ; rien ne vient distraire le regard fatigué. A peine voit-on quelques rares oliviers dont le pâle et maigre feuillage donne au pays un aspect plus triste encore. Les montagnes mêmes n'ont ni ces teintes qui tentent le pinceau de l'artiste, ni ces profondes déchirures, ces rochers imposants, ces gorges sombres, qui captivent le regard et l'étonnent; leurs sommets s'arrondissent en croupes monotones et nues. Aujourd'hui elles sont arides ; l'incurie d'un peuple abruti, les vices d'un gouvernement à l'agonie condamnent à la stérilité ce sol jadis fertile, cette terre qui fut un jour la Terre Promise.

Cependant le chemin offre des difficultés de plus en plus grandes, les rochers s'étagent en gradins qu'il faut franchir, ou se dressent en remparts qu'il faut escalader ; seuls les chevaux arabes peuvent tenter de pareils prodiges : le mieux est de s'abandonner à leur incroyable solidité sans prétendre les diriger.

Souvent dans ces chemins dangereux, roidissant leurs quatre jambes, ils se laissaient glisser sur une pente rapide ; ailleurs, profitant des moindres aspérités d'un roc à pic, ils savaient y assurer leur sabot ; plus loin, à travers des débris de pierres amoncelées, ils s'élançaient à fond de train, et tout cela sans paraître accessibles à la fatigue. Je me rappelle avoir marché pendant dix-sept heures de suite avec le même cheval. Ce sont bien là les coursiers dépeints par le Tasse :

.... Al corso usati,
Alla fatica invitti, al cibo parchi.

Quel noble animal avec sa tête osseuse et carrée, et ses naseaux ouverts qu'il porte au vent en secouant sa longue crinière! quel trésor pour ce pays qui ne pourrait s'en passer!

Ce jour-là, douze heures de marche par une chaleur accablante avaient épuisé nos forces, lorsque enfin, de la crête d'une dernière montagne, nous voyons devant nous apparaître des murailles que dominent des coupoles et des minarets : c'est Jérusalem!...

On sait l'émotion qui de tout temps a monté au cœur des pèlerins, lorsque pour la première fois ils ont vu ces murs sacrés. « Oh! bon Jésus, disent les anciens et naïfs chroniqueurs, à la vue des remparts de cette Jérusalem terrestre, que de pleurs vos soldats ne répandirent-ils pas?... Qui pourrait rappeler dignement les torrents de larmes qu'ils versèrent, quand ils arrivèrent au lieu d'où ils purent admirer Jérusalem et ses tours? »

La poésie s'est emparée de l'histoire :

Ecco apparir Gerusalem si vede,
Ecco additar Gerusalem si scorge,
Ecco da mille voci unitamente
Gerusalemme salutar si sente!

Ces sentiments on les éprouve, on les comprend mieux qu'on ne saurait les exprimer.

Nous mettons pied à terre, nous baisons cette terre sacrée, nous contemplons en silence ces murs fameux, nous cherchons avidement à découvrir déjà, au milieu des minarets et des coupoles, celle du saint sépulcre.

Jérusalem ! quel nom ! quelle autre ville peut éveiller autant de souvenirs, exciter le même intérêt? quelle autre ville a jamais eu de plus hautes destinées et joué un rôle plus brillant dans le monde ?

Son origine se perd dans la nuit des temps. Melchisédech, peut-être, la fonda sous le nom de Salem, les Jébuséens l'appelèrent Jébus, et de ces deux noms réunis s'est formé son nom actuel. Les Hébreux la conquirent avec le reste de la terre promise; mais le peuple vaincu se maintint dans la forteresse de Sion pendant quatre cents ans encore, quatre siècles de victoires et de revers pour le peuple de Dieu dans des luttes continuelles contre les anciens habitants du pays.

Avec David commence pour Jérusalem, devenue capitale de la Judée, une période de gloire que Salomon porte à son apogée. L'épée redoutée du roi-prophète avait reculé bien loin les limites de son empire; les rives de l'Euphrate et celles de la mer Rouge avaient reconnu ses lois; son fils profita du silence et du calme qu'il avait fait autour de son trône pour créer des merveilles. Un temple admirable et unique au monde, des palais, des jardins, des aqueducs, des citernes gigantesques qui triomphaient de la sécheresse du sol, rendirent Jérusalem la reine des cités, pendant que ses flottes allaient visiter des rivages lointains d'où elles revenaient chargées d'or et de précieuses denrées.

Salomon eût été le plus illustre comme le plus sage des monarques s'il n'avait trouvé un écueil dans l'excès même de ses prospérités. Les étrangers, accourus de toutes parts pour admirer sa gloire, pervertirent son cœur ; il s'éloigna du Dieu qui l'avait protégé : Dieu retira sa main, les revers commencèrent.

L'empire divisé, affaibli par des luttes intestines, résista cependant quelque temps avec des chances diverses aux armes étrangères. La main de Dieu en humiliant son peuple voulait encore l'épargner. De saints rois, tels que Josaphat, Ézéchias, Josias, détournaient de dessus lui les traits de sa colère, et Samarie détruite, servait d'avertissement à Jérusalem ; mais enfin elle combla la mesure et la miséricorde dut enfin faire place à la justice.

Après avoir été sauvée d'abord par le courage de Judith, elle fut prise par trois fois; elle vit son temple renversé, ses tours, ses remparts détruits, et son peuple esclave transporté sur la terre étrangère.

Le malheur ramena ce peuple à Dieu, des bords de l'Euphrate il implora son pardon; le Seigneur désarmé toucha le cœur de Cyrus, qui renvoya les Juifs dans leur patrie après soixante et dix ans de captivité, et permit à Zorobabel de rebâtir le temple. Jérusalem vit bientôt après relever aussi ses murailles, mais sa puissance avait reçu un coup mortel.

Après la mort d'Alexandre qui l'épargna, les Ptolémées et les Séleucides se la disputèrent et l'opprimèrent tour à tour jusqu'à ce qu'une race de héros, la famille des Machabées ou Asmonéens, la délivra du joug en régnant sur elle. Mais cette malheureuse ville était destinée à ne jamais goûter un long repos, et les divisions qui éclatèrent dans la famille de ses rois fournirent aux Romains un prétexte pour lui donner des maîtres.

Enfin, voici Auguste sur le trône; tout se tait dans l'univers, le temple de Janus est fermé, le monde semble dans l'attente d'un événement extraordinaire qu'annonçaient et les prophéties des Juifs, et, sur la foi de traditions plus obscures, les poésies des Gentils. C'est vers Jérusalem qu'il faut tourner les yeux ; les temps prédits par Daniel sont arrivés, Jésus-Christ naît d'une vierge.

Mais la ville de David n'a pas reconnu le Messie ; elle le fait mourir ignominieusement, elle consent à assumer la responsabilité de cet odieux forfait, le châtiment ne se fait pas attendre. Titus vient l'entourer de ses tranchées, il est l'instrument de Dieu. Après le plus effroyable siége dont l'histoire ait conservé le souvenir, la ville est prise et le temple incendié malgré les ordres du prince, pour accomplir la parole du Sauveur. Mais, ce n'est pas assez; une nouvelle révolte amène de nouveau sous les murs de Jérusalem les aigles impériales, et l'empereur Adrien efface jusqu'au nom de la ville dont il chasse le peuple séditieux.

L'histoire des Juifs finit là, mais leur ville n'a pas épuisé la coupe du malheur, il faudra encore bien des dévastations pour la réduire à l'état où elle est aujourd'hui : il faudra qu'elle se trouve sur la route des grandes invasions de l'Asie, qu'elle soit foulée par les Perses, les Arabes, les Turcs.

Un instant elle échappa au joug, grâce à l'héroïsme des croisés[1]; mais après des prodiges de valeur ils durent abandonner encore aux mains des infidèles, le tombeau du Sauveur.

Tel fut le sort de la ville qui se déploie devant nous.

On le voit, ce serait mal connaître l'histoire du peuple juif que de nier sa grandeur, ainsi qu'on l'a trop fait. Ses annales sont remplies d'événe-

1. L'esprit de parti a beaucoup attaqué les croisades; le vrai motif de cet acharnement était le seul qu'on taisait; on blâmait ces expéditions parce que la foi en était l'âme, et l'affranchissement des lieux saints, le but. On les aurait vantées si le commerce, le génie des conquêtes, ou celui des découvertes, en avaient été le mobile. Elles ne sont pourtant pas plus difficiles à justifier que tant d'autres qu'on porte aux nues.

On a répété mille fois et je veux seulement rappeler, qu'on leur doit les progrès des lettres, des arts, de l'architecture en particulier, et l'extension du commerce; elles ont donné un aliment à l'ardeur dévorante de nos pères, ils ont tourné contre les ennemis de la civilisation, les armes dont ils se déchiraient; les États de l'Occident, au lieu d'être affaiblis, ruinés par leurs querelles, en ont reçu un éclat et un prestige dont les fruits se recueillent encore; ils ont porté chez les Sarrasins la guerre qu'ils nous avaient apportée les premiers, et en nous mettant à couvert de leurs invasions, ils ont empêché l'Europe de passer sous leur joug avilissant, et d'éprouver le sort des pays qu'ils ont conquis.

Cessons d'accuser nos pères, cessons de leur reprocher les élans généreux dont nous serions peut-être incapables, mais dont nous recueillons encore aujourd'hui les fruits.

ments assez éclatants, et ceux qui jugent son passé par son état présent et s'étonnent du choix que Dieu fit de cette nation, ne se rappellent plus sans doute, qu'elle se trouva mêlée avec gloire à la vie des grands empires de l'antiquité, de ces Égyptiens, de ces Assyriens, de ces Perses, de ces Mèdes, de ces Phéniciens tant vantés, et que souvent ces peuples fameux durent s'incliner devant elle. Souvent Jérusalem vit leurs dépouilles rapportées dans ses murs; souvent aussi dans les plaines de la Judée, ont blanchi les ossements de leurs guerriers après de mémorables défaites.

Si les auteurs qui nous ont conservé les fastes de l'antiquité ont souvent passé les Juifs sous silence, c'est que leur religion et leurs mœurs en faisaient un peuple complétement séparé du reste de l'univers. Mais ce ne pouvait être un peuple obscur que celui qui nous a laissé tant et de si beaux monuments de sa grandeur : dans sa littérature, la plus belle et la plus ancienne du monde; dans ses livres sacrés, les seuls qui soient en entier parvenus jusqu'à nous; dans ses ruines même, qui étonnent encore aujourd'hui.

Et pourtant, de cette civilisation que reste-t-il encore? bien peu de chose sans doute en comparaison de ce qui devait exister. Que ne produiraient pas des fouilles dans le sol d'une ville plus de vingt fois saccagée, dans un sol exhaussé par tant de ruines amoncelées! Récemment la science, par la bouche de M. de Saulcy, ne vient-elle pas déjà de lever un coin du voile en réhabilitant, que dis-je? en révélant au monde l'art et l'architecture judaïques trop longtemps méconnus?

Ce n'est pas tout. Pour nous, chrétiens, Jérusalem est quelque chose de plus qu'une capitale aussi ancienne que fameuse. Jérusalem est le berceau de cette sublime folie, le Christianisme, qui en dépit des sages a changé la face de l'univers. De quelle autre ville partit jamais plus merveilleuse et plus salutaire révolution? Soyons au moins aussi justes pour elle que le musulman lui-même. A la vue de la Ville Sainte, il s'écrie: « El-Kods! la Sainte! » puis il se prosterne à terre pour baiser sa poussière sacrée.

Et puis, quelle destinée étonnante et providentielle!

De toutes les capitales des anciens peuples, seule Jérusalem est debout, et ses enfants vivent encore; ils vivent, mais leur capitale ne les réunit plus dans ses grandes solennités; ils peuplent tous les empires, mais la terre de la patrie semble leur être fermée. Jérusalem, leur mère, ne rassemble plus ses enfants dans ses murs. Elle est pour eux une marâtre cruelle, et si, au milieu des catastrophes qui firent disparaître ses rivales, elle a seule survécu, il semble que ce soit pour proclamer la puissance de son Dieu et rendre à travers les siècles un éclatant témoignage à la vérité de ses paroles, semblable au criminel de la fable, dont le supplice au fond des Enfers se perpétuait pour effrayer les coupables,

. . . . Sedet æternumque sedebit.

Mais c'est trop nous arrêter. Entrons enfin dans la ville de David.

C'est la porte de Jaffa ou de Beitléhem qui s'ouvre devant nous. Un vaste espace couvert de ruines, puis une ruelle étroite conduisent au couvent de *Casa-Nova*.

Casa-Nova est un bâtiment peu étendu, récemment construit par les religieux franciscains, pour y donner l'hospitalité aux pèlerins catholiques, plus souvent nommés ici les pèlerins *latins*.

Quelques minutes après mon arrivée, je goûtais déjà un repos nécessaire dans une petite cellule blanchie à la chaux. Sa porte et sa fenêtre unique, ouvertes sur une galerie intérieure, n'y laissaient pénétrer qu'une clarté douteuse : une paillasse sur des planches formait tout son mobilier. C'est là que j'habiterai pendant tout le temps de mon séjour à Jérusalem, et à mon départ j'emporterai de ma chère cellule, malgré sa nudité, un bien bon et durable souvenir.

Le lendemain, lorsque je me réveillai, ma première pensée fut pour le saint sépulcre, ma première action fut d'y courir; pourtant, avant d'y conduire le lecteur, peut-être sera-t-il bon, pour l'intelligence même de la suite de ces notes, de faire connaissance avec les personnes et les choses au milieu desquelles nous sommes si brusquement jetés.

II

Notions générales.

Le voyageur que la vapeur jette aujourd'hui, sans transition, du quai de Marseille sur celui de Jaffa, reste un instant, quand il est débarqué, comme étourdi et déconcerté par la nouveauté des choses qui se présentent à lui. Toutes ses idées sont bouleversées. Habitué qu'il est à d'autres institutions, il a besoin de se recueillir quelque temps avant de découvrir en quelles mains repose l'autorité du pays.

Il voit, en effet, une foule de petits États dans l'État. Ici, les Latins groupés autour du patriarche; là, les Grecs recevant leurs inspirations de Constantinople, quelquefois peut-être de Saint-Pétersbourg; plus loin, les Arméniens, les Juifs, tous vivant dans l'empire ottoman, mais sans paraître en faire partie, ayant leurs chefs, leur administration propre, et se considérant comme vaincus, asservis au joug, plutôt que comme sujets du même prince. Peut-être cet état de choses expliquera-t-il bien des difficultés que rencontre la Porte dans ses velléités de réformes ; quoi qu'il en soit, la cause m'en paraît être dans la mauvaise administration qui force les vaincus, tyrannisés par les vainqueurs, à se serrer autour d'un drapeau pour résister de leur mieux à l'arbitraire, et à chercher, même hors de l'État et chez des étrangers, une protection que leur refusent les lois du pays.

Ce n'est donc pas sans peine qu'on peut découvrir, au milieu de ce chaos, que Jérusalem est le chef-lieu d'un *liva* ou *province* relevant du gouvernement général de Saïda, et que son gouverneur a le titre de pacha.

Ce titre réveille des idées de pouvoir sans contrôle. Jadis, en effet, un pacha gouverneur de province était tout-puissant : tous les pouvoirs étaient réunis dans sa large main; mais aujourd'hui les pachas ont beaucoup perdu de cette omnipotence dont ils abusaient si cruellement. Cependant ne nous apitoyons pas trop sur leur sort; ils peuvent encore, surtout s'ils sont éloignés de Constantinople et des yeux ouverts sur leur conduite, réaliser d'assez beaux bénéfices, car, il faut le dire, la passion de l'argent est la plaie du pays, et les gouverneurs, entre autres, ne semblent souvent, dans leurs gouvernements, poursuivre d'autre but que la richesse. S'ils sont cruels, s'ils sont injustes, il n'en faut pas chercher d'autre cause ni d'ailleurs s'en étonner; ont-ils quitté la capitale et ses délices pour autre chose que pour s'enrichir?

Quand un favori a bien mérité du maître, on lui abandonne une ville, une province; là, comme autrefois les proconsuls romains, il rétablit sa fortune ébranlée, jusqu'à ce que suffisamment repu à ce banquet toujours ouvert, il cède enfin la place à quelque autre affamé.

Ce qui facilite grandement ces gains scandaleux, c'est la mauvaise organisation des finances, et surtout l'usage d'affermer les impôts.

Les principaux sont :

D'abord la *dîme*, exigée par l'État, seul propriétaire véritable du sol dont les habitants ne sont que les locataires;

Puis l'*impôt sur le capital*, impôt qui varie selon les provinces et ouvre la porte à l'arbitraire dans l'estimation des fortunes;

Enfin le *kharadj*, qui ne frappe que les *raïas*, ou sujets non musulmans, comme compensation très-douce du service militaire auquel ils ne sont pas soumis ; aussi, surtout depuis que cet impôt est perçu dans chaque communauté de raïas par l'autorité spirituelle, s'est-on parfaitement familiarisé avec lui et n'accueille-t-on qu'avec répugnance aujourd'hui les nouvelles réformes qui affranchissent, il est vrai, les raïas du kharadj, mais en même temps les mettent sur le pied de l'égalité avec les sujets musulmans, et, comme conséquence, les soumettent comme eux au service militaire.

Tels sont les impôts ordinaires. Mais ils se compliquent souvent d'une foule de taxes d'un caractère permanent ou transitoire que les pachas créent selon leur caprice et qui ne vont pas grossir toujours le trésor de l'empire. Tantôt elles portent sur une industrie; tantôt sur les transactions qui ont lieu entre les habitants; quelquefois on les exige à l'occasion de la nouvelle année ou de l'arrivée d'un personnage important; ou bien c'est une amende pour cause de mauvaises mœurs, ou un droit de passage que payent les caravanes[1].

C'est surtout le recouvrement de l'impôt et le système des fermes qui sont fertiles en abus. La violence marche à la suite des fermiers, que l'intérêt personnel aveugle et endurcit.

1. Poujade, *Revue contemporaine*, 15 avril 1856.

A Jérusalem, dit-on, le grand percepteur est le bâton.

Quand le fermier veut faire ses recouvrements, il fait venir son principal agent, lui indique la somme et fixe un délai pour la trouver; au delà du délai plane la menace du bâton. Celui-ci réunit à son tour ses subordonnés et leur tient, à chacun pour sa part, à peu près le même discours; et ce discours, répété à chaque degré de la hiérarchie, finit par arriver jusqu'aux oreilles du pauvre Arabe qui paye quelquefois sans délai, mais le plus souvent préfère se faire battre d'abord, pour payer ensuite; sa bonne grâce à s'exécuter aurait pu être imputée à richesse, et l'on ne sait qu'en Syrie ce que la richesse entraîne après elle d'avanies.

Aussi l'Arabe enfouit-il avec mystère ce qu'il possède de précieux, il craint l'œil ouvert de la convoitise, et, à l'extérieur, l'opulence se distingue mal aisément de la médiocrité. Ce n'est pas une précaution inutile, la fantaisie d'un pacha rencontre si peu d'obstacles[1] !

1. En veut-on la preuve : un jour un pacha d'Acre, Abdallah, trouva que le couvent du Mont-Carmel bornait d'une manière fâcheuse la vue d'une villa qu'il avait fait construire sur la montagne; il fit démolir le couvent.

Les pauvres religieux expulsés portèrent partout leurs plain-

Le grand coup porté en Turquie à l'ancien ordre de choses, aux maux qui en découlaient, aux pachas et aux fermiers, a été le hatti-chérif de Gulhané, qui vint en 1839 régénérer l'empire, ou du moins proclamer les principes qui servent de base à notre société civilisée.

Ce décret a fait grand bruit; grâce à lui, les abus les plus criants ont disparu ou diminué, je n'en doute pas, aux portes de la capitale et dans le rayon de la salutaire influence de l'Europe; mais, aux extrémités de l'empire, le *Tanzimat* ou nouvelle organisation, n'a pas même été partout promulgué, et s'il l'a été, on tourne fatalement dans un cercle vicieux : la loi existe, mais on la viole, et le silence est acquis au violateur qui peut l'acheter.

Voici deux faits que je trouve rapportés par un auteur qui n'est pas suspect d'hostilité à l'endroit du gouvernement ottoman :

tes; la diplomatie s'en mêla; enfin le pacha reçut l'ordre de rebâtir le couvent, mais il y mit tant de lenteur et de mauvais vouloir, que les religieux trouvèrent plus simple de faire des quêtes dans toute l'Europe et de le reconstruire eux-mêmes.

Il est juste de dire que cet Abdallah était le plus fantasque et le plus détesté des pachas. Il ne se faisait pas d'ailleurs illusion : ne trouvant pas sans doute de suffisantes garanties pour sa sûreté dans l'amour de ses administrés, il faisait avaler à son médecin la moitié de tous les breuvages qu'il lui ordonnait.

« Il y a cinq ans, la douane de la ville de B.... était concédée au prix de six cent mille piastres. Depuis cette époque, les importations ont pris une telle extension, que le taux de cette concession est monté progressivement jusqu'à un million cinq cent mille piastres. Le douanier qui, l'année dernière, l'avait obtenue à ce prix, avoue qu'il a réalisé un bénéfice de un million de piastres. Il était disposé, cette année, à s'en charger pour la somme de deux millions cinq cent mille piastres.

« Un fonctionnaire du gouvernement se l'est fait adjuger au prix de un million sept cent mille piastres. Son nom ne figure pas dans le firman, un de ses domestiques lui sert de prête-nom.

« Voulant immédiatement réaliser un bénéfice, il s'est mis en rapport avec quelques banquiers arméniens, et il a traité avec eux pour la somme de deux millions cinq cent mille piastres, moyennant laquelle ils courent à sa place toutes les chances de l'exploitation.

« Voilà donc huit cent mille piastres que l'on peut considérer comme prises dans la poche du gouvernement. Sachez, de plus, qu'il n'est si petit agent des apaltateurs de première ou de seconde main, qui, dans une année, ne se fasse une fortune, et vous aurez une idée des sommes énormes qui sont détournées au profit des spéculateurs.

« Voici maintenant le récit de ce qui s'est passé dans la même province lors de la vente des dîmes de l'année courante :

« Le nombre des acheteurs venus de tous les points de la province était considérable ; on augurait un grand bénéfice pour le trésor de cette affluence d'enchérisseurs ; mais en cette circonstance, c'est au plus influent et non au plus offrant que la concession est échue.

« Le nommé N..., qui, depuis cinq ou six ans, en a le monopole, a su le conserver encore cette année, grâce à l'influence qu'il a acquise et à son immense fortune, dont le chiffre représente exactement celui des pertes éprouvées par le trésor. Quelques jours avant celui des enchères, il a dit bien haut et fait répandre par ses nombreux agents le nom des villages où il voulait affermer les dîmes. Les acheteurs ont compris la signification de cet avis officieux, qui était pour eux un ordre formel d'abstention. Ils se sont cependant tous rendus à l'adjudication, moins pour faire l'acquisition de quelques villages, que N.... veut bien abandonner au pauvre public, que pour montrer qu'ils n'ont pas fait d'opposition. A l'heure fixée, le crieur public a mis aux enchères la ferme d'un village au prix de l'année précédente. N.... s'est levé et a renchéri de quelques centaines de piastres. Les nombreux acheteurs présents ont gardé un morne silence. Malheur, en effet, à celui qui eût osé couvrir l'enchère! N.... a mille moyens pour le ruiner et le perdre.

« N.... a donc été proclamé acquéreur et toutes les apparences ont été gardées. Le pacha peut écrire à Constantinople que tout s'est passé dans les règles. Le soir, les chalands se sont présentés chez N..., et c'est alors qu'a réellement eu lieu en détail, par N.... et à son profit, la vente régulière et aux enchères de ce qui lui avait été concédé en bloc le matin. L'année dernière, le même manége lui a procuré un gain de un million huit cent mille piastres sur la revente d'environ deux millions de dîmes.

« Les autorités locales le savent, mais N.... n'est pas plus un adversaire à braver qu'un ami à dédaigner, il sait reconnaître les complaisances dont il est l'objet [1]. »

1. Ubicini, *Lettres sur la Turquie.* Ce livre, auquel j'ai fait de nombreux emprunts, est rempli de détails intéressants : malheureusement l'auteur pousse quelquefois trop loin la sympathie qu'il avoue à l'endroit des Turcs. Des hommes et des

On conçoit qu'avec un pareil système le trésor soit toujours vide, bien que les populations soient traitées sans pitié, et l'on voit par là combien dans les provinces sont encore insignifiants les résultats de réformes dont on avait beaucoup parlé et beaucoup espéré.

Deux fois, pour ma part, j'ai eu maille à partir avec le pacha de Jérusalem. Voici à quelle occasion : nous avions, mes compagnons et moi,

institutions civiles, son admiration déborde jusque sur le Coran, qu'il pense aboutir en religion au spiritualisme, « en politique à l'égalité républicaine; en morale à la pratique des vertus les plus pures. » Ce paradoxe est étayé sur l'autorité de M. de Lamartine, qui pense, lui, que cette doctrine n'est que résignation à Dieu et charité envers les hommes. Attendons pour en être persuadé qu'on nous montre des sœurs de charité musulmanes.

Quant à la mosquée, il n'hésite pas à la mettre au-dessus de l'Église :

« Veut-on voir, dit-il, un bel exemple de cette égalité morale, qui chez nous ne commence pas même au seuil de la maison de Dieu, pas même aux portes du tombeau? qu'on entre dans une mosquée. » Le christianisme, il le reconnaît, avait bien aussi été fondé sur le principe de l'égalité absolue, « mais il y dérogea bientôt, en établissant une Église, un pouvoir temporel et un pouvoir spirituel distincts. »

Ce que M. Ubicini n'aime pas dans les églises, ce sont les siéges d'honneur, les places réservées (sans doute le banc des marguilliers et les stalles du clergé); il n'aime pas davantage les quêtes, les troncs pour les pauvres ou pour les frais du culte. Est-ce donc la faute de l'Église, si on l'a dépouillée de ses biens?

réuni pour notre usage, des chevaux et d'autres bêtes de somme en assez grand nombre, chose difficile à Jérusalem. Le pacha trouva bon de s'en emparer pour le transport des troupes que le sultan appelait des extrémités de son empire, à la défense de la capitale menacée par les Russes.

Heureusement il s'attaquait à forte partie : le respect qu'inspirent les *Francs*, c'est ainsi que l'on nomme en Orient les Européens, les met à l'abri de pareilles tentatives; grâce à notre consul, nous reprîmes nos bêtes; mais à notre place des Arabes auraient été dépouillés sans même avoir peut-être la satisfaction, comme le meunier de Sans-Souci, de menacer le pacha des juges.... de Jérusalem.

Ce n'est pas que les lois y soient complétement mauvaises, mais c'est que la justice est vénale.

Elle est rendue par des officiers désignés sous le nom général de *cadis*. L'appel n'existe pas : les supérieurs ne connaissent pas des jugements rendus par les inférieurs; seulement le défendeur peut, dès l'origine du procès, entraîner le demandeur devant un juge d'un grade plus élevé.

Quand les parties sont toutes deux des raïas, qu'elles appartiennent au même culte, et qu'il ne s'agit que d'une affaire civile, elles sont jugées par des tribunaux qui leur sont propres. Enfin, quand les plaideurs sont étrangers, ils sont jugés par des tribunaux mixtes, soit commerciaux, soit correctionnels, composés moitié d'étrangers, moitié de nationaux.

Jusqu'ici, à la rigueur, on pourrait donner des éloges; mais voici où commencent les imperfections.

D'abord les frais des procès sont à la charge des gagnants. On ne court donc aucun risque à intenter un procès si injuste qu'il soit. De plus, les juges ne reçoivent pas de traitement de l'État, ils prélèvent un quarantième de la valeur des procès, sans compter les cadeaux ou *richevets* qu'on ne manque guère de leur faire. Si l'on réfléchit que les juges, n'étant nommés que pour un an, doivent amasser leur petite fortune dans ce court espace de temps; que l'État n'exerce presque aucun contrôle sur leurs actes; on pourra se former une idée des scandales qui arrivent chaque jour dans l'administration de la justice.

Il est des exceptions.

J'avais fait la connaissance d'un *cadi*, homme juste et sensé, et j'aimais à l'interroger pour apprendre d'après quelles règles il rendait ses jugements. Selon lui, le juge cherche sa règle de conduite — quand toutefois il veut s'assujettir à une règle— le plus souvent dans le texte du Coran ; quelquefois il interroge cette équité instinctive qui trompe rarement, quand les sophismes et les subtilités des juristes ne l'ont pas encore faussée ; d'autres fois, il s'en réfère à des traditions que leurs origines ténébreuses ne rendent que plus respectables aux yeux de tous ; enfin, il existe des recueils de sentences et des commentaires des anciens jurisconsultes qui font autorité.

Il y a bien des Codes assez imparfaits qui ont eu la prétention de fixer la jurisprudence, mais mon honnête cadi ne semblait pas s'en douter, ce qui m'a fait penser que ces Codes n'avaient pas encore jeté de profondes racines dans les parties éloignées de l'empire. En fait de Code pénal, il en était resté à la loi du talion et au rachat de la peine à prix d'argent, suivant un tarif des délits et des crimes, comme autrefois dans notre ancienne loi franque.

Toutes les civilisations suivent à peu près les mêmes sentiers, d'abord la loi du talion, qui semble se présenter la première à l'esprit humain, puis le rachat de la peine par un payement en nature auquel succède un payement en argent, puis alors l'intervention de l'État à défaut des victimes ou de leurs parents, pour poursuivre d'office la vengeance qui se résumera en une somme à verser dans ses coffres.

Qu'on ne croie pas que le cadi dont je parle fût plus ignorant qu'un autre : combien n'en ai-je pas vu aussi peu familiarisés avec les réformes introduites dans la législation du pays et fort déterminés à s'affranchir de toute règle gênante?

Qu'on en juge.

Un jour, après une longue marche par une chaleur de quarante degrés, nous arrivions, épuisés de fatigue et surtout mourant de soif, dans un village où nous espérions pouvoir nous reposer enfin. Une femme passait, portant sur sa tête un vase plein d'eau; nous l'arrêtons. Nous allions boire, lorsqu'un jeune Arabe la repousse :

« Pourquoi donnes-tu de l'eau à ces chiens de chrétiens ?

— Jamais, riposte un des nôtres, on n'a refusé l'eau au voyageur altéré. Qu'Allah te dessèche la langue ! »

A ces mots, l'Arabe saisit une pierre; elle siffle à nos oreilles. Son exemple est suivi; en vain nous cherchons un abri dans les ruines d'une vieille église bâtie par les croisés, nos ennemis enhardis, escaladent les murs qui nous protégent, et du haut de ces débris rajeunis par cette scène, font pleuvoir sur nos têtes une grêle de projectiles; nous eussions été lapidés si, le fusil à l'épaule, le pistolet au poing, nous n'avions opéré sans retard une savante retraite.

Notre premier soin au retour fut de porter plainte contre nos sauvages agresseurs; le cadi était encore un homme honnête, ami des Francs, favorable aux chrétiens. Notre récit enflamme son indignation; mais le moyen de nous venger, nous ne pouvions désigner les coupables; il réfléchit un instant, puis soudain il fait partir quelques soldats, avec ordre de lui amener dix des principaux habitants du village.

L'ordre est exécuté; les dix criminels, traînés devant le nouveau Salomon, apprennent à la fois, avec le plus profond étonnement, et que des Francs, des amis du sultan, sont arrivés dans le pays, et qu'ils les ont indignement assaillis à coups de pierres; qu'ils méritent évidemment le plus terrible châtiment, mais qu'heureusement pour eux les Francs, protégés par Allah, n'ont pas été blessés; qu'en conséquence ils en seront quittes, cette fois, pour quarante jours de prison et quatre-vingt-dix coups de bâton, ce qui allait être exécuté séance tenante, lorsque nous intervînmes pour modérer l'ardeur du terrible cadi, satisfaits de sa bonne volonté et de l'effet salutaire produit par sa sentence sur la population.

On le voit, la justice de Jérusalem est ennemie des lenteurs; pourtant il arrive assez souvent aux Arabes de prévenir ses décisions. Comme dans tous les pays où la justice est boiteuse, l'individu tend toujours à se mettre à la place de la société qui le protége mal, et parfois il n'attend pas la sentence du juge, le châtiment trop souvent n'atteindrait pas la tête coupable.

En voici un exemple entre mille.

Aux environs de la ville, une femme chrétienne est surprise avec un musulman dans une de ces grottes nombreuses qui déchirent le flanc des montagnes. Le bruit s'en répand; les chrétiens s'attroupent; la femme effrayée s'enfuit; on la poursuit. Elle, pâle, échevelée, haletante, parvient enfin à gagner, demi-morte, la maison de ses frères; elle espère y trouver un asile et des défenseurs, mais ils apprennent le crime dont on l'accuse; aussitôt, eux aussi, partagent le courroux de la foule; leur sœur se jette à leurs pieds, embrasse leurs genoux, implore leur pitié, réclame au moins un jugement régulier; c'est en vain, ils sont sourds à ses supplications, ils l'égorgent..., et la foule ne trouve plus qu'un cadavre à mettre en lambeaux.

Peut-être est-ce à ce penchant pour la justice sommaire et expéditive qu'il faut attribuer la facilité avec laquelle dans tout l'Orient on emploie le bâton ou, pour mieux dire, le *courbach* — cravache taillée dans l'épaisseur du cuir flexible de l'hippopotame. Le courbach est le grand et le dernier argument. Un *moukre* ou muletier refuse-t-il de marcher pour le prix que vous lui offrez? est-il trop lent? ne veut-il pas suivre le chemin que vous préférez? vite un coup de courbach; un voleur déguisé en douanier a-t-il la prétention d'inspecter votre malle? un coup de courbach; un marchand veut-il vous vendre trop cher sa marchandise? encore un coup de courbach; et tous les coups n'ont pas été donnés pour des motifs aussi légitimes.

Une fois, nous étions pressés par la soif — on a toujours soif en Orient—, et nous n'avions pas d'eau — on n'a jamais d'eau en Orient —, une bande d'ânes passe chargée de raisin : l'occasion était bonne; nous demandons à en acheter; les moukres refusent pour je ne sais quel motif fort plausible; aussitôt, quelques-uns des nôtres, mieux formés aux mœurs du pays, chargent à coups de bâton et de courbach ces âniers insolents, les mettent en fuite, arrêtent les ânes, et s'apprêtent à se partager le butin.

Jusque-là nous étions en plein dans la couleur locale; malheureusement les scrupules européens, un instant assoupis, s'éveillèrent; la modération reprit ses droits; on relâcha bêtes et butin, le tout n'ayant pas été déclaré de bonne prise.

Trop souvent, la violence ne s'arrête pas en si beau chemin; elle s'exerce en grand et sans se soucier de l'autorité impuissante à la réprimer. Point ne semble nécessaire à Jérusalem que force reste à la loi. Un convoi destiné à l'armée aura été attaqué et pillé, c'est chose trop naturelle pour qu'on s'en étonne, et le pacha lui-même le prend avec tant de bonne grâce, qu'on ne peut douter qu'il ne soit habitué à pareille mésaventure.

Il y a de la féodalité encore autour de Jérusalem; des scheiks tiennent la montagne, autour d'eux se groupent les Arabes comme autant de vassaux; à leur voix, ils courent au combat, et il ne se passe guère de mois qu'ils n'en viennent aux mains jusque sous les murs de la ville.

L'un de ces chefs — le plus puissant et le plus renommé — est Abou-Gosch, maître et seigneur du village de ce nom; marcher sous sa bannière est un honneur et une promesse de sécurité; contrevenir à ses ordres serait dangereux; lutter contre lui, difficile, et même autrefois les Francs n'auraient pas toujours traversé sans inconvénient son petit royaume, s'ils n'eussent été munis d'un laissez-passer; mais enfin Ibrahim mit fin à cette audacieuse prétention en profitant de son omnipotence pour faire saisir le terrible scheik, et l'envoyer réfléchir dans les prisons d'Alexandrie sur les effets de sa conduite.

Peut-être est-ce en souvenir de son temps de gloire qu'il nous envoya spontanément une escorte, lorsque près de Jérusalem nous traversâmes son territoire.

Quelques jours après, dans une promenade, je traversais des vignes incendiées ou coupées au pied; le sol était couvert de débris, les figuiers ébranchés et les oliviers mutilés : Abou-Gosch avait passé par là en vainqueur. Et le soir, à travers les ténèbres transparentes des nuits d'Orient, je voyais des Arabes, à pied — chose rare — se détourner du chemin pour m'éviter; ils marchaient en silence, sans armes, la tête inclinée tristement : c'étaient les vaincus. Ils abandonnaient leur pays où ils ne pouvaient plus attendre que la faim et la mort!

Cultivez donc cette terre, pour que le plus fort vienne vous ravir, lorsqu'elle est mûre, la moisson qu'il n'a pas semée.

Aussi ne la cultive-t-on pas; chacun ensemence le coin de terre strictement nécessaire à ses besoins, et croirait, s'il faisait davantage, avoir dépassé les bornes de la prudence, en exposant à la convoitise d'autrui le grain qu'il confiait à la terre. Si l'on joint à ces craintes, qui n'ont rien de chimérique, l'indolence naturelle aux habitants du pays, leur sobriété qui se contente de peu, le manque de bras, l'absence complète de communications, l'ignorance profonde, l'imperfection des moyens de culture, on comprendra sans peine l'état de stérilité presque complet de la Palestine.

Il est un dernier obstacle aux progrès de l'agriculture, c'est le grand nombre des biens de mainmorte. La terre est divisée en trois classes.

Les *terres domaniales* appartenant à l'État, réputé, du reste, propriétaire universel;

Les *terres patrimoniales*, distinguées elles-mêmes en terres décimales ou payant la dîme et appartenant aux musulmans, et terres tributaires, restées aux mains des raïas et payant le kharadj;

Enfin les *terres ecclésiastiques* ou *vakoufs*[1]. Ces dernières ont considérablement augmenté, surtout à l'époque où les sultans, ne connaissant aucun frein, disposaient à leur gré des biens de leurs sujets. Il arrivait souvent alors que pour défendre son patrimoine contre l'arbitraire, on « le cédait, moyennant une faible somme, à une mosquée, à condition qu'elle n'en jouirait en toute propriété qu'à l'extinction de la descendance directe du vendeur. Le vendeur et ses descendants payaient à la mosquée, comme intérêt des fonds de cession, une très-modique redevance annuelle[2]. »

On peut aisément juger combien doivent être considérables ces biens de mainmorte, et combien nuisibles à l'intérêt général; et j'en ai dit assez pour faire comprendre qu'il ne faut pas chercher en dehors des motifs que j'ai indiqués l'explication de la misère affreuse qui pèse sur le pays, et qu'on doit se garder de renouveler contre le sol ces banales accusations de stérilité trop souvent répétées.

Ce pays, dont les treize cents lieues carrées suffisent à peine aujourd'hui, aux six cent mille

1. Ubicini.

2. *Revue contemporaine*, 15 avril 1856.

habitants qui y sont dispersés, était peuplé jadis de cinq millions d'Hébreux. Il produit toutes les choses nécessaires à la vie : le blé, le maïs, le doura; et nourrit les animaux les plus utiles, le cheval, le bœuf, le mouton, la chèvre, l'âne et le chameau. La vigne y est excellente; presque tous les arbres produisent des fruits : ce sont l'olivier, le figuier, le sycomore, le palmier, le citronnier, l'oranger, le cédrat, le térébinthe et le caroubier. Les chaleurs excessives sont compensées par de longues et abondantes pluies d'hiver qui rafraîchissent la terre et lui rendent la vie qui semble éteinte en été.

Ne voit-on pas, d'ailleurs, les plaines de Saron et d'Esdrelon se couvrir au printemps de riches moissons, je ne dirai pas là où elles sont cultivées, — on ne les cultive pas, — mais là où l'Arabe a laissé tomber sa semence sans labourer la terre? Le sol rend au centuple le grain qui lui est si négligemment confié, et la récolte de quelques vallées suffit à toute la population du pays.

Et aux portes mêmes de Jérusalem, du milieu de ces pierres amoncelées qui donnent à un champ l'aspect de nos voies *macadamisées* lorsque le rouleau n'y a pas encore passé, ne sort-il pas du blé au grain pesant et renflé?

Voilà ce que cette terre produit d'elle-même; qu'arriverait-il si elle était cultivée? Ce qui arriverait, le voici :

Un jour, à quelques lieues de Jérusalem, je descendais la vallée d'Ortas, où Salomon, par un travail gigantesque, tailla et enduisit d'un bitume solide le fond même de la vallée, pour en faire de magnifiques et immenses réservoirs qui, à travers les siècles, ont apporté jusqu'à nous la gloire de son nom. Comme ailleurs, le sol était stérile; le roc ne paraissait recouvert que par la terre entraînée dans les pluies d'hiver; et pourtant, en ces lieux existaient jadis ces jardins fameux célébrés sous le nom d'*Hortus conclusus*. Un ancien aqueduc, qui laissait l'eau se perdre sans utilité, faisait seul penser à ces temps heureux.

Tout à coup, à une barrière de bois, l'aridité cesse; jusque-là c'était le désert, au delà c'est l'oasis. Des arbres vigoureux défendaient de leur ombre épaisse le maïs et le blé contre les rayons d'un soleil trop ardent; des légumes variés, des fleurs éclatantes, annonçaient la présence de l'homme, j'avançai.

L'eau, jusque-là négligée, était réunie dans un seul ruisseau avec un soin qu'explique assez son prix dans un pays où elle est la source de la fécondité; sa fraîcheur donnait aux herbes qui croissaient d'elles-mêmes une vigueur qui n'est pas ordinaire. Bientôt j'aperçus, à l'abri d'un beau bouquet d'arbres, un modeste chalet, c'était la demeure d'un Anglais; il me reçut avec cordialité, me fit servir sous un énorme figuier, sur une table rustique, plusieurs corbeilles de fruits superbes, des figues, du raisin, des pêches veloutées et du café brûlant.

Quand j'eus fait honneur aux produits de son jardin, je lui demandai l'explication de la merveille que j'avais sous les yeux, et voici ce que j'appris de sa bouche. Depuis sept ans il habite ce désert, seul avec son fils et deux serviteurs : ce sont eux qui ont rendu à la fécondité le petit enclos que j'admirais; les arbres qui nous abritaient déjà de leurs larges rameaux, il les avait plantés lui-même.

« Chaque année, me dit-il, cette terre se couvre de six ou sept récoltes nouvelles; ce maïs, bientôt mûr, n'est semé que depuis deux semaines, quelques jours suffisent pour sa germination et son développement, encore quelques jours et il sera parvenu à sa maturité. Je fertiliserais également tout le terrain qui touche à mon ermitage, s'il ne suffisait à m'occuper et à me faire vivre dans l'abondance; pour cela, je n'aurais qu'à recueillir avec le plus de soin possible l'eau qu'on laisse se perdre ailleurs.

— N'employez-vous pas d'engrais? demandai-je.

— Non, me répondit-il; cependant il m'arrive quelquefois, de porter en automne de la terre dans les grottes que vous voyez de tous côtés dans la montagne, et où les chèvres passent l'hiver; au printemps, quand elle est engraissée par le séjour de ces animaux, je la répands dans mon jardin.

— Et les Arabes? lui dis-je.

— Les Arabes, dans les premiers temps de mon établissement, me volèrent quelquefois, ils vinrent même m'attaquer par bandes nombreuses. Je les reçus sans frayeur, quelques coups de bâton appliqués à propos, et même quelques coups de fusil tirés avec précision m'ont fait craindre et respecter; depuis longtemps ils ne songent plus à mal faire, aujourd'hui je ne ferme même pas ma porte. »

Il est permis de croire que le sol de la Judée offrirait partout la même fécondité, si un peuple industrieux et actif lui demandait ce qu'il peut donner, et si un gouvernement fort et respecté assurait aux habitants la sécurité et la confiance[1].

1. A la vue de l'état misérable dans lequel gémit la Judée,

Mais la force armée? dira-t-on; n'y a-t-il pas à Jérusalem des troupes pour réprimer les désordres, prévenir les pillages, protéger à la fois les propriétés et les propriétaires?

La force armée, il faut bien le dire, est ce qu'il y a de plus inoffensif à Jérusalem.

bien des gens sont tentés de se demander si l'Écriture sainte n'a pas embelli les tableaux qu'elle a tracés de la prodigieuse fécondité de ce pays; on l'accuse d'avoir jeté trop de poésie sur une terre qui semble, au contraire, déshéritée du ciel, et même on ne se contente pas, peut-être, de taxer ses récits d'exagération; nous pensons qu'on a tort.

Nous venons de voir, en effet, que quelques exemples d'une fertilité fabuleuse donnent raison à la Bible; ajoutons que sa stérilité habituelle lui donne encore raison.

On ne comprend les attaques dont l'Écriture est l'objet, qu'en supposant que ces adversaires systématiques des livres saints, satisfaits de les avoir crus en défaut pour en avoir lu superficiellement une page, ont oublié de tourner le feuillet. S'il n'en était ainsi, comment n'auraient-ils pas vu dans la misère actuelle de ce triste pays la réalisation des menaces qui accompagnent presque sans exception dans la Bible la promesse des faveurs célestes?

Ouvrons-la au hasard: (Deut., XI.) «La terre dont tu vas entrer en possession n'est pas comme la terre d'Égypte dont tu es sorti; là, en effet, on confie la semence à un sol qu'arrosent comme un jardin des canaux d'irrigation. Ta future conquête, au contraire, est composée de montagnes et de plaines, arrosées seulement par la pluie du ciel: le Seigneur ton Dieu l'a toujours favorisée de sa protection, son œil veille sur elle d'un bout de l'année à l'autre. Si donc, enfant d'Israël, tu obéis aux préceptes que je t'impose, si tu aimes le Seigneur ton Dieu, si tu le sers de tout ton cœur et de toute ton âme,

La garnison est peu nombreuse et en outre elle est mauvaise. Elle se compose en partie de troupes irrégulières qui ne payent pas de mine.

Voyez-vous cet homme qui tricote, vêtu d'un pantalon blanc, d'une veste blanche et coiffé d'un *tarbouch* ou bonnet rouge à gland bleu? c'est un

il répandra sur ta terre sa pluie en temps opportun, la pluie du soir, afin que tu puisses faire ta récolte de blé, de vin, d'huile et de foin pour tes bestiaux; afin que tu puisses te nourrir et te rassasier. »

Voilà le passé, voici le présent : « Mais gardez-vous bien de vous laisser séduire, de vous éloigner du Seigneur, de peur que le Seigneur irrité ne ferme pour vous les réservoirs célestes, que la pluie ne descende plus du ciel, que la terre ne produise plus, que vous ne disparaissiez promptement de cette excellente contrée que le Seigneur va vous donner....

« J'offre en ce jour à votre choix les bénédictions ou les malédictions : bénédictions si vous obéissez aux ordres de Dieu que je vous transmets; malédictions si vous y désobéissez, si vous vous éloignez de la voie que je vous trace, si vous vous attachez à des Dieux étrangers que vous ne connaissez pas. »

Ailleurs (Deut., XXVIII), Dieu promet encore à son peuple, *s'il est fidèle*, que ses bénédictions se répandront sur ses villes et ses champs, les fruits de sa terre et le croît de ses troupeaux, enfin sur tous ses travaux; il lui promet sa pluie en temps opportun, le plus précieux de ses dons.

Mais, *en cas de transgression* à sa loi, tous ces bienfaits se changeront en fléaux; le ciel sera d'airain et la terre de fer, la rosée se changera en cendres et la pluie en poussière, le peuple « sera dispersé dans tous les royaumes de la terre, » où il sera « la risée et la fable de leurs habitants. »

Enfin, je lis au chapitre XXIXe du *Deutéronome* : « Les générations futures diront, ainsi que la postérité et *les étrangers* soldat ; cet autre le fusil au bras, le ventre tendu, et que semble entraîner le poids de son arme? c'est un factionnaire ; cette masure où sont suspendus quelques mauvais fusils ? c'est un poste, je crois même que c'est la citadelle ; peut-être un inventaire exact y révélerait-il dans quelque coin obscur des canons démontés, enlevés jadis aux Vénitiens ou aux Pisans.

Ce n'est pas assez que cette garnison soit mauvaise, quelquefois elle s'éclipse. Lorsque le Sultan appela ces pauvres soldats à la défense de la pa-

venus de loin, à la vue des misères de cette terre et de la détresse dont Dieu l'aura affligée.... toutes les nations diront : Pourquoi le Seigneur a-t-il ainsi traité cette terre? Quel est le motif d'une si violente colère? et ils répondront : C'est que ce peuple a violé le pacte que le Seigneur avait fait avec ses pères en les tirant de la terre d'Égypte.... Tel est le motif de la fureur du Seigneur contre cette terre, voilà pourquoi il a déchaîné sur elle tous les fléaux énumérés dans ce livre. »

Voilà en effet ce qu'il serait naturel de répondre, à cette question mille fois répétée ; c'est ainsi qu'un examen plus réfléchi ramène toujours à la vérité, c'est-à-dire à la parole de Dieu. Ne demandez donc plus si la Terre Promise put être un jour prodigieusement féconde, des faits contemporains l'attestent. Ne vous étonnez pas davantage du changement qui s'est opéré ; la Bible vous y avait préparés d'avance en termes si précis, qu'ils pourraient encore aujourd'hui servir à décrire ce malheureux pays. Loin d'être une objection contre le livre saint, la stérilité actuelle est une preuve de son inspiration, c'est l'accomplissement rigoureux des prophéties.

trie menacée, nous restâmes seuls, nous Européens, chargés de faire la police dans la ville.

J'ai vu partir ces arrière-neveux des fiers conquérants de l'Asie et d'une partie de l'Europe. L'air ne retentissait ni de cris de guerre ni de fanfares bruyantes, le silence régnait parmi eux, leur contenance était triste, leurs visages plus tristes encore. Ce ne sont pas eux à coup sûr qui ont défendu les remparts de Silistrie.

Ici encore l'on peut voir combien les réformes et les améliorations pénètrent lentement, à travers l'inertie ou la mauvaise volonté, jusqu'au fond des provinces. En effet, la nouvelle organisation militaire de 1843, qui divise les troupes ottomanes en armée active (*nizam*) et réserve (*rédif*), n'est pas encore arrivée jusqu'à Jérusalem; le rédif n'y est pas organisé, et les troupes y sont mal tenues, mal équipées, mal nourries par la faute de l'administration dont la cupidité spécule sur le soldat. Aussi, parmi ces Arabes qui ne demandent pas mieux que de faire le coup de fusil pour leur compte, trouve-t-on la plus grande répugnance à se soumettre au service militaire. Il ne s'agit pourtant pas pour eux en temps ordinaire de s'éloigner beaucoup de leurs foyers, car chaque corps d'armée se recrute dans sa circonscription, soit par enrôlements volontaires, soit par tirage au sort entre les jeunes gens âgés de vingt ans, et le service dans le *Nizam* est de cinq ans seulement.

III

Population. Arabes et Bédouins.

Jérusalem compte à peu près 16 000 habitants; c'est du moins le chiffre qui paraît approcher le plus de la vérité, car en Orient la statistique est inconnue, et les renseignements sur la population difficiles à obtenir.

Demandez à un Arabe le nombre des habitants de sa ville, vous l'étonnerez singulièrement, son sourire exprimera la défiance; il craint évidemment que vous ne vous moquiez de lui; autant vaudrait lui demander le nombre des grains de sable du torrent.

« Qui peut le savoir? » répond-il.

Libre carrière est donc ouverte aux supputations des auteurs qui en ont largement profité, puisque les uns ont parlé de trente mille habitants tandis que les autres se bornaient à dix mille.

Le chiffre de 16 000, auquel je m'arrête comme

conciliant le mieux et les auteurs les plus autorisés et les témoignages recueillis sur les lieux mêmes peut se diviser entre les divers cultes ainsi qu'il suit :

Juifs	8000
Musulmans	4000
Grecs	2000
Catholiques	1000
Arméniens	500

Les autres sont des Cophtes, des Abyssins, des Jacobites et même des Protestants.

Tout ce qui n'est pas musulman est connu sous le nom de *Raïas*, c'est-à-dire troupeau : j'en parlerai plus tard en m'occupant de l'état des diverses Églises.

Quant aux musulmans, presque tous sont de race arabe ; un petit nombre sont des Turcs, ce sont les fonctionnaires que Constantinople envoie, qui sont obligés d'apprendre la langue du pays, c'est-à-dire l'arabe, ou de se servir d'interprètes, ce qui les isole encore plus du reste de la population.

Quelquefois passent aussi par la ville, sans jamais s'y arrêter, des Bédouins ou Arabes nomades, fiers habitants de la tente, enfants du désert, incapables de supporter la gênante captivité d'une maison, ni la monotone stabilité d'une ville.

Les Arabes sont de taille ordinaire; leurs traits sont réguliers, leurs yeux pleins de feu; leur visage est bruni par le soleil.

Ils portent un large pantalon de toile en été, de drap en hiver, et autour de leurs reins roulent plusieurs fois une ample ceinture de laine ou de soie aux mille couleurs; c'est la partie la plus utile de tout leur costume; ses plis servent de poches, ils servent aussi d'arsenal; on y passe les pistolets, le yatagan, les poignards; enfin elle protége contre les refroidissements, qui sont en Orient aussi dangereux que fréquents dans cette partie du corps. La chemise, invisible derrière un gilet boutonné jusqu'en haut, laisse le cou découvert; une veste courte et de même étoffe que le gilet complète ce costume, sur lequel le riche drape avec élégance le burnous blanc aux longues franges de soie.

Leur coiffure consiste en un premier bonnet blanc nommé *takieh*, que recouvre le *tarbouch* ou second bonnet de laine rouge, orné d'un gros gland de soie bleue. Les jeunes gens s'en tiennent là; les vieillards, amis du passé, roulent autour en turban un morceau de soie ou plutôt de laine.

Ils ont encore aux pieds, et l'une sur l'autre, deux paires de pantoufles en peau jaune ou rouge, qu'ils semblent toujours au moment de perdre en chemin, ce qui ne les empêche pourtant, ni de marcher ni même de courir avec agilité.

L'Arabe est fier et vaniteux ; le silence a pour lui des charmes. Il aime les sentences brèves. Cependant, si la passion ou une contestation l'excite, c'est, au contraire, un flux de paroles qui semblent d'autant plus énergiques, que les sons qui frappent l'oreille sont plus heurtés.

Amoureux du bien d'autrui, surtout de ses armes, il a une adresse infinie pour le vol, et cette manière d'acquérir la propriété ne lui semble nullement honteuse ; c'est pour lui un métier : aussi ne veut-il l'exercer que dans les cas où il n'y a pas trop de péril à courir. Il est donc bien rare de voir les Arabes attaquer des voyageurs lorsque ceux-ci ne sont pas en nombre infiniment inférieur, ou quand ce sont des Francs. Avec eux l'Arabe se fait mendiant, et le mot *bakschich* (*buona mano*) est le premier qu'ils apprennent en débarquant.

On craint beaucoup les Francs ; ils ont de bons fusils à deux coups, qui font rarement long feu.

De plus, leurs consuls ont la main bien longue, et quelquefois un peu rude. Seuls, souvent ils empêchent la justice de s'endormir; ils en accélèrent les démarches. A leur instigation, on a vu un coupable arrêté, jugé, pendu en moins de temps qu'il ne lui en avait fallu pour commettre son crime : c'est dur, mais nécessaire.

Avec les Arabes, il faut des exemples qui les frappent vivement. On recueille encore aujourd'hui avec reconnaissance les fruits des châtiments infligés pendant la domination égyptienne. Mehemet-Ali et Ibrahim son fils, voulaient régénérer la race arabe : la vie de deux hommes est bien courte pour une entreprise aussi vaste; ils suppléaient au temps qui leur manquait par la vigueur des moyens. C'est alors qu'on vit les troupes du vice-roi envelopper un village, théâtre d'un meurtre, et en massacrer les habitants sans exception ni pitié. Ce n'est qu'à ce prix que la sécurité fut achetée.

A côté de nombreux défauts brille, chez les Arabes, une vertu qui les fait oublier tous; vertu inappréciable dans un pays où le voyageur, abandonné à lui-même, ne trouve ni une pierre pour reposer sa tête, ni un toit pour s'abriter à prix d'argent; dans un pays sans auberges, en un mot.

On a deviné que je veux parler de l'hospitalité; l'hospitalité, la grande vertu de l'Orient, que jamais on ne sollicite en vain.

L'hôte devient un être sacré dès qu'il a franchi le seuil de la porte. Avez-vous fumé le *chibouk*, ou mangé le *pilau* avec le maître de la maison? Dormez en paix sous son toit; il se fera massacrer plutôt que de vous trahir. Un contrat tacite vous unit, et ce contrat, c'est le hasard qui l'a formé.

Vous arrivez dans un village; le jour baisse, l'envie vous prend d'y passer la nuit : vous jetez un coup d'œil autour de vous : une maison vous paraît moins misérable que les autres; vous frappez à sa porte : *Salam aleikoum*, dites-vous en portant successivement votre main à votre front, puis à votre bouche. Vous voilà présenté. N'attendez pas qu'on vous invite à rester, cela va de soi. Sans plus de cérémonie, vous faites décharger vos chevaux, déballer vos provisions, étendre dans un coin de la chambre commune votre tapis ou votre natte, vous vous installez dessus; ce sera votre appartement pour la nuit.

En attendant, votre hôte frappe dans ses mains; — c'est en Orient le signal qui remplace nos sonnettes; — un serviteur se présente, il apporte les pipes et le café : vous buvez et vous fumez ensemble, sans parler beaucoup, jusqu'à ce que les chibouks éteints et la nuit déjà sombre vous invitent au sommeil, auquel vous cédez sans changer de place, enveloppé dans les plis de votre long burnous.

C'est le christianisme qui a réhabilité la femme, et partout où il ne règne pas, la femme est esclave. Rien n'est plus triste que son sort à Jérusalem.

Combien de fois n'ai-je pas été témoin d'un spectacle révoltant!

Un Arabe revenait à la ville monté sur son cheval; ses armes étaient horizontalement posées sur sa selle; il fumait nonchalamment, et sa femme devant lui, les pieds nus sur de durs cailloux, portait sur sa tête un lourd fardeau.

Mais c'est peu pour la femme arabe d'être soumise à de rudes labeurs, peut-être en trouverait-on chez nous dont la vie n'est pas moins pénible. Ce qui la ravale surtout, c'est sa position dans la famille : jamais, par exemple, elle ne s'asseoit à la table du maître, à côté de ses fils! Quel amour le premier, quel respect les seconds peuvent-ils avoir pour elle? Que devient la sainte et salutaire influence de la mère? Que devient le foyer maternel, ce doux rendez-vous de notre civilisation? La femme, la première d'entre les servantes, n'a pour se consoler dans cet isolement glacial que ses filles, malheureuses créatures qui font à côté d'elle l'apprentissage de la dure vie qui les attend.

Comment en serait-il autrement sous l'empire de la polygamie? Dès que la femme cesse d'être la compagne de l'homme pour devenir l'instrument de ses plaisirs, l'instrument qui perpétuera sa race, quel amour véritable pourrait-il avoir pour elle?

Il est triste d'entendre les Arabes de Jérusalem parler des femmes :

« Quand vous aurez amassé quelques piastres, disais-je à un de mes drogmans, que ferez-vous?

— J'achèterai une femme de plus, » me répondit-il gravement.

C'est qu'en effet les femmes s'achètent, le mariage est une vente et un achat; dès sa plus tendre enfance une jeune fille est promise par son père au père d'un jeune garçon. Le prix est stipulé, la mise en possession viendra plus tard; mais si le jeune homme ne tenait pas l'engagement pris par son père, il n'en devrait pas moins payer la somme convenue. Après les fiançailles, la future épouse est voilée. A partir de ce jour commence pour elle cette vie de secret, qui ne finira plus.

La misère, l'abjection, la souffrance, ne sont pas faites pour favoriser ou conserver la beauté; aussi, quand par hasard j'ai pu plonger du regard derrière le voile d'une femme, ai-je toujours éprouvé une cruelle déception, et me suis-je demandé souvent qui trouvait le mieux son compte à ce voile, de l'amour-propre des femmes ou de la jalousie des maris. Les femmes n'y auraient-elles pas gagné cette réputation de beauté, qui, avec le luxe asiatique et le faste oriental, me trouve aujourd'hui fort incrédule. L'invisible a ses charmes comme l'inconnu, l'imagination peut se donner libre carrière.

Je ne nie pas que derrière les murs discrets de la demeure d'un riche habitant de Jérusalem, on ne puisse trouver cette beauté tant vantée; mais ces riches sont rares, leurs femmes ne forment pas la masse de la population, et peut-être les plus belles d'entre elles, ont-elles ouvert leurs beaux yeux à la lumière, loin, bien loin, dans les montagnes de la Géorgie ou de la Circassie.

Cependant j'admets d'autant plus aisément les

exceptions, que la plus belle femme, peut-être, que j'aie jamais rencontrée, était une Arabe; et je cède au plaisir de faire son portrait, afin d'avoir l'occasion de décrire le costume des femmes du pays.

Ma belle Arabe avait environ seize ans; son visage, d'une fraîcheur rare parmi ses compatriotes, était d'un ovale un peu allongé, ses dents petites et blanches, sa bouche bien formée, ses yeux noirs, quoique d'une douceur extraordinaire. Ses abondants cheveux, noirs aussi, étaient en partie roulés sur sa tête, en partie tressés ou flottants sur ses épaules nues; des pièces et médailles d'or, attachées à l'extrémité de ses longues tresses, rendaient à chaque pas qu'elle faisait un son de grelots assez original. Quelquefois, sur sa tête, elle posait une petite calotte brodée d'or et de soie. Quand elle sortait un voile noir, tombant en pointe du milieu de son front, s'élargissait pour cacher le bas de son visage; ou bien il était remplacé par un voile de toile fine et blanche, percé de deux trous à l'endroit des yeux: un autre, jeté sur sa tête, tombait sur ses épaules et jusque sur ses pieds.

Souvent les femmes ajoutent encore l'ignoble *feredjé;* c'est un manteau de soie noire, très-léger, qui enflé par la brise, fait disparaître toute forme humaine.

Mais mon Arabe n'avait garde d'ensevelir sous cet affreux vêtement sa taille élancée que pressait à peine une robe d'étoffe souple et légère, ouverte jusqu'à la ceinture pour laisser paraître les plis bouffants de sa chemise de toile. Les manches larges de sa robe laissaient voir jusqu'au coude un bras terminé par une main qui eût été irréprochable comme son pied, si on n'avait eu la barbare idée de teindre ses ongles en rouge, selon l'usage du pays. Enfin, elle portait des sandales de bois fort élevées sur leur talon, qui semblaient très-gênantes, même pour elle, mais qui imprimaient à son corps, quand elle marchait, un balancement qui seyait à ravir à l'ensemble quelque peu mélancolique de sa charmante personne.

Pour être soumises à une rude vie les femmes arabes n'en atteignent pas moins, quelquefois, un âge avancé. Ayant eu l'occasion d'aller voir un Arabe influent, il me proposa de me présenter à sa mère. J'acceptai.

Cette femme était le premier anneau d'une respectable chaîne formée par cinq ou six générations d'enfants et de petits-enfants; la pauvre malheureuse était privée de ces soins qui entourent ordinairement la vieillesse; je la trouvai assise dans un coin obscur, sur un tas de paille. Ma vue fit briller un éclair de joie dans ses yeux; elle écarta d'une main décharnée les longues mèches d'argent qui voilaient son visage et me demanda de la guérir. Il faut savoir qu'en Orient tout Franc est médecin; bien plus, tout Franc doit infailliblement guérir toutes les maladies, il n'a pas le droit d'échouer dans ses tentatives, on suspecte aussitôt sa bonne volonté; la mienne, dans cette circonstance, n'était assurément pas douteuse; mais, hélas! la bonne femme avait une maladie qui ne pardonne pas..., elle avait cent cinq ans.

Cette fois fut la seule, je crois, où je vis en visite une femme arabe; ordinairement, on ne les rencontre pas; elles vivent, même chez les catholiques, dans un appartement séparé; à peine peut-on les apercevoir un instant à travers la porte que leur curiosité entr'ouvre pour voir passer l'étranger. Même dans le peuple, là où l'étiquette perd ordinairement son empire, elles vivent encore isolées; jamais elles n'ont leur place dans les jeux et les danses. Ces plaisirs en prennent un caractère plus sauvage et plus grossier.

Les femmes, en effet, ne semblent-elles pas tout

adoucir autour d'elles? Les peuples aux mœurs les plus polies ne sont-ils pas ceux chez lesquels on les voit se mêler le plus avec les hommes? Leur présence entretient et conserve cette urbanité, cette délicatesse de procédés, qu'on ne rencontre pas au même degré dans les réunions exclusivement composées d'hommes. Ne trouverait-on pas chez les Anglais une preuve de ce que j'avance? Qui n'a été frappé du changement qui s'opère dans leur tenue, lorsque, vers la fin des repas, les femmes se sont retirées?

Dans les danses arabes un seul est acteur.

Au milieu d'un cercle d'assistants, il marche et fait en cadence, au son d'un aigre flageolet, des gestes et des contorsions ridicules, pendant que les spectateurs battent la mesure en frappant dans leurs mains, et unissent un chant monotone au son de l'instrument : par moment le danseur mêle sa voix à celle du chœur, on dirait alors des litanies dont il répéterait le refrain.

J'ai aussi noté un jeu arabe imité de la *main chaude*, avec cette différence que le pied remplace la main.

Ne quittons pas les habitants de Jérusalem sans dire un mot des Bédouins qu'on y rencontre quelquefois.

Les Bédouins n'habitent pas la ville ; ils ne font qu'y passer. Semblables aux anciens patriarches, ils dressent leurs tentes pour un jour, au bord d'un torrent ou d'une citerne, et la plient bientôt pour la planter ailleurs, dès que leurs moutons à grosses queues et leurs chèvres noires aux longues oreilles pendantes ne trouvent plus dans ces lieux une suffisante nourriture.

C'est donc au désert qu'il faut voir le Bédouin; mais ce n'est pas toujours chose facile; l'instinct du pillage est chez lui tellement développé, que l'étudier de près, peut quelquefois n'être pas sans inconvénient.

M. le baron de G.... le sait bien, lui qui, pendant mon séjour en Orient, s'étant aventuré, en compagnie d'un Anglais, un peu trop loin dans le désert, tomba au milieu d'une bande de Bédouins. Il fut complétement dépouillé, on eut pourtant le bon goût de lui laisser sa chemise; il n'en fut pas de même du pauvre Anglais; les Bédouins n'ayant pu lui arracher ses bottes à cause du gonflement de ses pieds, firent de nécessité vertu et les lui laissèrent; mais pour ne pas avoir trop à souffrir de cette vertu forcée, et afin de s'indemniser au moyen d'une compensation, ils lui enlevèrent *même* sa chemise.

Certaines tribus sont moins farouches; on est parvenu à faire comprendre à leurs scheiks, qu'il leur serait bien plus avantageux de recevoir sans danger une somme fixée d'avance à l'amiable que de chercher à enlever par la force, à leurs risques et périls, un butin peu certain. En conséquence, quand on veut traverser leur territoire, on leur paye une somme en échange de laquelle ils s'engagent à respecter vos personnes. On peut alors être parfaitement tranquille. Jamais ils ne violent leurs engagements; le Bédouin est esclave de sa parole, et fidèle jusqu'à la mort à celui qui a serré sa main ou qu'il a nommé son frère.

Il n'y aurait de danger que dans le cas où l'on rencontrerait une tribu ennemie, avec laquelle on n'aurait pas traité; mais ne faut-il pas laisser quelque chose au hasard, et où serait le charme des voyages sans un peu d'imprévu?

Supposons-nous donc au désert : nous avons devant nous quelques tentes noires autour desquelles ruminent des chameaux paresseux, et paissent des chevaux retenus par un pied : c'est un campement de Bédouins. Avançons, si vous le permettez : il est difficile de reconnaître les chefs, tous ont le même air de fierté, tous sont grands et de formes athlétiques, leur visage est bronzé, leurs traits réguliers, tous portent le même costume; sur leur tête vous voyez un mouchoir aux vives couleurs, c'est le *kaffieh*, retenu par une corde de poil de chameau; sur leurs épaules un manteau aussi en poil de chameau, c'est le *machlah* aux raies brunes et blanches; il couvre une longue chemise serrée à la taille par une ceinture; à leurs pieds, de larges pantoufles ou des bottines de cuir jaune ou rouge.

Quel est donc, chez eux, l'indice de la richesse? Ce n'est pas l'or, ils l'enfouissent; et pourquoi le garderaient-ils? Ils ont si peu de besoins; mais alors pourquoi volent-ils? Peut-être distinguerons-nous les chefs à leurs armes, au nombre et à la beauté de leurs chevaux? car les armes, les chevaux et la liberté, sont les trois passions du Bédouin.

Ces armes se composent d'un mauvais et long fusil à un coup, rarement en bon état, et d'une lance longue et flexible ornée d'une grosse houppe de crins; elle leur sert à frapper de loin, comme leur masse de fer à frapper de près; ils n'ont d'autre arme défensive qu'un crochet avec lequel ils écartent les lances ennemies.

Mais leur cheval! ah! c'est sur son cheval que le Bédouin concentre toutes ses affections; c'est le compagnon inséparable de sa vie, il semble partager également ses joies et sa tristesse, ses fatigues et son repos.

Voulez-vous rendre un Bédouin vraiment heureux, voir son visage rayonner de plaisir, regardez-le exécuter une *fantasia;* applaudissez, ce que vous pourrez faire avec sincérité, à son adresse à manier son cheval, soit que, posant à terre le fer de sa lance, il décrive, au grand galop, sans jamais le déplacer, comme autour d'un pivot, un cercle tout autour; soit que, lançant son cheval à fond de train, il l'arrête brusquement sur ses jarrets par un seul coup de ces mors puissants qui ensanglantent trop souvent la bouche de ces pauvres chevaux pendant que leurs flancs sont labourés par l'étrier large et tranchant qui sert d'éperon. Quoi qu'il fasse, vous admirerez sa vigueur, sa souplesse, et cette solidité d'assiette, qui fit croire jadis, chez certains peuples, à l'union du cheval et du cavalier.

Mais déjà nous sommes amis des scheiks; nous pouvons à loisir examiner les détails. Les hommes nettoient leurs armes ou soignent leurs chevaux : quelques femmes font les apprêts du repas; les unes allument le feu et remplissent à la citerne voisine leurs outres, qui conservent encore et le poil et la forme — hideux spectacle — de l'animal qui a fourni sa peau; d'autres coupent de succulents *biftecks* dans un quartier de chameau suspendu tout sanglant, à un arbre voisin; d'autres enfin pressent les mamelles d'une jeune chamelle.

On le voit, les femmes ne restent pas oisives, et pourtant, la femme chez le Bédouin n'est pas esclave; loin de là, elle est l'objet d'un respect, je dirais presque d'un culte religieux. Les Bédouins ont quelque chose de nos chevaliers d'autrefois. Quiconque se jetant aux pieds d'une femme, a touché son vêtement, est sauvé. Au désert, enfin, la polygamie n'est pas connue.

Continuons notre étude de mœurs; évitons, si nous le pouvons, de partager le dîner du Bédouin, laissons venir le soir. Quand le soleil aura disparu, la rosée tombera avec abondance; à la chaleur succédera la fraîcheur des nuits d'Orient, qui invite à déplier les burnous et à raviver le feu qui s'éteignait. Abandonnons alors un ou deux moutons à nos hôtes, et en échange nous allons avoir une scène du désert.

Quand les moutons sont tués, dépouillés, cuits et mangés, ce qui n'est l'affaire que d'un instant, les Bédouins se rangent sur une ligne; la flamme brillante du foyer donne à leurs vêtements, à leurs visages bronzés, des teintes singulières : alors commence la danse du *singe* ou celle du *tigre*.

Dans la première, ils déploient toute l'agilité dont ils sont capables ; leurs contorsions, leurs grimaces méritent bien à cette danse le nom qu'elle porte.

La danse du *tigre* a quelque chose de plus sauvage ; on frissonne involontairement lorsque l'on voit tantôt le chœur, tantôt un Bédouin seul, s'élancer en brandissant leurs armes, et en accompagnant des bonds de bête féroce, de cris et de hurlements effrayants.

Nous connaissons maintenant un campement de Bédouins ; c'est dire que nous les connaissons tous ; car qui a vu un Bédouin en a vu mille. Chez eux, les jours se suivent et se ressemblent ; il n'y a de changé que le théâtre de leurs courses vagabondes.

IV

Aspect général de la ville.

Après ses habitants, c'est la ville à son tour qui réclame notre attention. Jetons sur son ensemble un coup d'œil rapide.

Il est bien difficile pour qui n'a jamais vu de ville orientale de se faire une idée de Jérusalem. Imaginez, si vous le pouvez, un dédale de rues tortueuses, irrégulières, non pavées, encombrées souvent d'immondices, si étroites qu'un chameau, — il n'existe pas une seule voiture dans toute la Syrie, — qu'un chameau, dis-je, lorsqu'il est chargé, les barre entièrement.

Le chameau ne se dérange jamais, ne s'arrête jamais, il faut qu'il passe ; ceux qu'il rencontre se réfugient où ils peuvent, se collent contre les murs, ou se faufilent en se courbant sous les ballots qu'il porte. Ce n'est rien quand il n'y en a qu'un, mais ordinairement ces animaux voyagent par longues et lentes files.

Dans ces rues silencieuses les passants sont rares; la mort semble y régner. A droite et à gauche s'élèvent des maisons à toits plats, sans alignement, sans ornements, sans architecture, sans fenêtres, — elles s'ouvrent toutes sur une cour intérieure. — Une seule porte, d'un mètre de hauteur, bardée de fer, y donne accès, mais elle est toujours soigneusement verrouillée, la crainte semble le sentiment dominant de chacun. Jamais à Jérusalem on ne voit de ces conversations familières de porte à porte qui donnent à une ville un air de confiance et de sécurité; ici tout est mystère, tout est soupçon.

Quelquefois, par hasard, une de ces portes basses vient à s'ouvrir, c'est pour donner passage à une femme voilée, sale, déguenillée; le regard alors plonge jusqu'au fond de la cour, quelques enfants à demi nus y étendent à l'ombre leurs membres décharnés. Les plus jeunes sont rongés par les mouches; elles s'attachent à leur bouche, forment un cercle autour de leurs yeux, sans qu'ils aient la force ou le courage de les chasser.

Au milieu d'un ensemble de choses si nouveau pour moi, veut-on savoir ce qui m'a le plus frappé? Ce sont les ruines..., et — le dirai-je? — les chiens. Que le lecteur veuille bien ne pas se récrier, je m'expliquerai tout à l'heure. Commençons par les ruines.

Peut-être resterais-je fort au-dessous de la vérité en disant qu'elles forment à elles seules la moitié de la ville. Ici, sur de vastes espaces, les bâtiments sont écroulés et déserts; plus loin, ces masures, en dépit de leur délabrement, sont habitées; la douceur du climat le permet; ailleurs, des maisons plus solides sont bâties sur des amas de décombres; ainsi l'œil ne rencontre partout que des ruines.

Au milieu de cette confusion générale, quelques débris, mieux conservés, attestent la splendeur de l'ancienne cité : ce sont des colonnes, des portiques, des voûtes, des bassins, des piscines, des fontaines desséchées; leur eau serait un trésor inappréciable en ces pays brûlants : mais les Turcs ne réparent et n'entretiennent rien. Ils ont laissé ces monuments s'écrouler sur la voie publique qu'ils obstruent et qu'ils obstrueront pendant des années, jusqu'à ce que le premier venu enlève ces pierres sculptées, ces marbres précieux, pour bâtir ou consolider sa demeure.

Parmi ces débris, il en est qui nous intéressent plus vivement : ce sont les restes des monuments bâtis par les croisés. Il est vraiment immense le nombre des édifices religieux que construisirent nos pères : chaque lieu illustré par un miracle ou même par une simple tradition, avait son église ou sa chapelle qui en perpétuait le souvenir. Ces constructions ne nous intéressent pas seulement en nous parlant de la gloire de notre patrie et de son antique influence sur des rivages étrangers, elles ont encore un autre intérêt, un intérêt archéologique. Toutes sont ogivales; elles remontent pourtant en assez grand nombre au commencement du XIIe siècle. Or, à cette époque en Europe on n'employait pas encore l'ogive, ou du moins on l'unissait au plein cintre; c'était tout au plus l'époque de *transition*.

Ne serait-ce pas un argument puissant en faveur de ceux qui pensent que l'ogive nous vient de l'Orient et des Arabes [1] ?

Quelques constructions qu'on attribue aux Sarrasins nous en offrent des exemples ; toutefois, il

1. M. de Caumont, il est vrai, ne partage pas cette opinion, mais quand il pense à l'Orient, il semble tourner surtout ses regards vers Constantinople. Ce n'est pas là qu'il faut, ce me semble, chercher l'œuvre des Arabes et des Sarrasins. Jérusalem et ses environs est peut-être un lieu plus favorable pour étudier l'influence qu'ils ont pu avoir sur notre architecture; or, jusqu'à ces derniers temps, on a bien peu étudié Jérusalem, au point

paraît que d'abord ils n'osèrent la construire hardiment avec une clef de voûte; ils la formèrent simplement de pierres surplombant les unes sur les autres dont ils coupaient les angles saillants. Je sais bien, comme le dit M. de Caumont, qu'il y « a loin de ces arcades grossières aux ogives proprement dites; » je sais encore que l'ogive n'est pas le style ogival. Cela prouverait seulement, ce me semble, que chaque peuple modifia, selon son génie particulier, un système d'architecture dont le type primitif se retrouverait dans les pays arabes.

Telle est aussi l'opinion de M. l'abbé Azaïs : « L'étude archéologique de ces églises, dit-il en parlant de quelques ruines du temps des croisés, suffit pour constater l'influence rénovatrice que les croisades ont exercée sur l'architecture. Deux éléments se combinent à cette époque dans les

de vue archéologique surtout : les rares pèlerins qui la visitaient le faisaient dans un tout autre esprit.

Du reste, quoi de plus vraisemblable que cette importation de l'ogive par les croisés!

Les croisades étaient la grande préoccupation du moment, tous les yeux étaient tournés vers l'Asie; c'est d'elle, si on peut employer ce mot à cette époque, que nous venaient la mode et les exemples qu'on voulait imiter.

Les croisés à leur retour étaient sans doute désireux de rappeler les pays qui les avaient immortalisés; sans doute ils étaient fiers d'exécuter et de mettre en vogue ce qu'ils avaient vu sur ces rives lointaines.

monuments qui sont construits à Jérusalem : d'un côté, c'est le roman apporté par les croisés; de l'autre, c'est le style arabe qui règne en Orient, et c'est de la fusion de ces deux éléments que naît l'art ogival.... Voilà le vrai berceau du style ogival (l'Orient) qui règne en Palestine pendant tout le XIIe siècle, comme l'attestent les monuments de Jérusalem, tandis que ce n'est qu'au XIIIe siècle qu'il apparaît dans nos contrées. L'Orient.... nous a envoyé l'architecture ogivale. Cette question devient une certitude pour quiconque a étudié les églises des croisades en Terre Sainte. J'aime cette origine de l'ogive auprès du Saint Sépulcre, elle lui donne un caractère plus religieux. »

C'est assez parler des ruines, passons aux chiens : oui, je le répète, les chiens sont un des cachets propres aux villes d'Orient en général et à Jérusalem en particulier.

Ces chiens tiennent un peu du loup; ils sont tous ou roux ou noirs; leur nombre est immense, ils n'appartiennent à personne, ou plutôt ils appartiennent à un quartier qu'ils ne quittent jamais, et où ils ne souffrent pas que d'autres chiens se permettent de paraître. Bien plus ils s'attachent à un couvent, aux personnes d'un culte, féroces uniquement pour les étrangers.

Deux de ces chiens étaient toujours couchés en travers de la porte de Casa-Nova. Un jour un de mes compagnons hésitait à passer :

« Ne craignez rien, lui dit le guide : *questi sono cattolici*, ceux-ci sont catholiques. »

Cependant ce n'est guère que la nuit qu'ils sont redoutables ; pour sortir, un bon bâton est alors de rigueur. Du reste, ils sont plus fanfarons que braves. Appliquez tout d'abord un coup vigoureux, l'agresseur se sauvera en criant, et bientôt à sa voix répondront des milliers de voix, tous les chiens du quartier criant comme si chacun avait été battu. L'hésitation serait au contraire fatale, les chiens enhardis par l'impunité se jetteraient peut-être sur vous, et votre histoire pourrait grossir le nombre des lamentables récits qu'on fait à qui veut les entendre.

Ces chiens sont très-respectés des habitants, et sauf le cas de légitime défense, celui qui les blesserait pourrait s'en repentir. Les habitants ont raison, ils doivent peut-être à ces chiens de n'avoir pas la peste en permanence dans leurs murs ; ce sont eux en effet qui se chargent de la propreté de la voie publique ; sans eux, qu'arriverait-il, grand Dieu ! dans une ville où chacun jette chaque jour dans la rue, non-seulement les ordures de sa maison, mais même les cadavres des animaux morts, — et certes des plus gros, — car j'ai vu des chevaux et des chameaux obstruer le passage. Grâce aux chiens, que ce régime ne fait pas prospérer, car ils sont tous galeux et horriblement maigres, à peine un cadavre est-il jeté dans la rue qu'il est changé en un squelette qui n'offre bientôt plus aux yeux que des ossements éclatants de blancheur.

Méhémet-Ali eut une fois un démêlé avec ces chiens, et le puissant vice-roi dans cette lutte dut s'avouer vaincu.

Désirant débarrasser Alexandrie de ces hôtes incommodes pour les communications nocturnes, n'osant cependant verser leur sang de peur d'exciter un mouvement populaire, il en fit un jour saisir vingt mille qu'il fit conduire dans une île déserte du Nil. Le Nil est large ; il comptait que sans bruit ni scandale la mort accomplirait son œuvre. Malheureusement, un de ces exilés, que la faim pressait, se hasarde dans les flots; le courant l'emporte d'abord, puis le dépose sur la rive; ses compagnons aussitôt d'imiter son exemple : un instant après, vingt mille chiens débarqués sur le bord prenaient au galop le chemin d'Alexandrie. Que durent penser les paisibles habitants, en voyant tout à coup se ruer dans leur ville vingt mille chiens affamés ?

Les chiens sont les véritables remparts de l'Orient contre la peste, car si depuis plusieurs années déjà elle n'a pas reparu, il ne faut pas en faire honneur à la quarantaine ; on l'applique avec trop peu de logique.

A défaut de la peste, la lèpre exerce encore à Jérusalem des ravages effrayants. Souvent aux portes de la ville on rencontre des hommes, des femmes et même des enfants dont le visage couvert d'écailles blanchâtres est rongé par les ulcères; leurs membres se détachent de leurs corps; quelquefois ils ont perdu la voix, ils attirent l'attention par des hurlements inarticulés.

Ce sont des lépreux.

Au bout de longs bâtons ils offrent des fruits qu'on se garde bien d'accepter; leur vue fait horreur même aux animaux qui reculent effrayés devant eux. On ne les reçoit pas dans l'enceinte des villes; mais ils ne sont pas seulement écartés par mesure sanitaire, ils sont flétris par l'opinion ou les préjugés, et regardés comme indignes même de la pitié, dernier patrimoine des malheureux.

Détournons nos regards d'un hideux spectacle et rentrons dans la ville.

Si nous voulons en avoir une idée générale, c'est vers le bazar qu'il faudra diriger nos pas, car les bazars sont le cœur des villes orientales : là se concentre la vie qui s'éteint dans le reste de la cité. Mais à Jérusalem cette vie est encore bien peu de chose; le commerce, si l'on en excepte les chapelets aux abords du Saint Sépulcre, se borne presque aux objets de première nécessité.

Les bazars ne sont en si grande réputation en Orient que faute de points de comparaison : ce sont des rues sales, sombres et étroites, bordées des deux côtés par des boutiques en forme d'armoires, dont le plancher est assez élevé pour que le marchand qui s'y étend nonchalamment s'y trouve à la hauteur des chalands. De mauvais paillassons tendus en travers de la rue arrêtent les rayons brûlants du soleil en même temps que le jour. Dans les villes riches et commerçantes ils sont remplacés par des voûtes en pierres, percées de fenêtres.

Dans le bazar le mouvement est continuel, les marchands ambulants mêlent leurs cris à ceux des marchands sédentaires pour annoncer et vanter leur marchandise, des femmes voilées causent longuement, des chameaux passent à pas lents avec leurs larges fardeaux, des hommes se disputent, des Bédouins montés sur leurs petits chevaux, achètent les provisions qu'ils vont reporter au désert.

Regardons de près quelques boutiques. Ici l'on vend des objets taillés dans la pierre noire de la mer Morte, dans la pierre rouge de Sainte-Croix, ou dans le bois de l'olivier, l'arbre de Jérusalem.

Plus loin, le marchand tisse des fils d'or et de soie pour en faire des étoffes plus brillantes que de bon goût, ou pile le *henné* pour la toilette des femmes. Plus souvent il fume en roulant sous ses doigts les grains du *sebchah*, le chapelet musulman, ou bien il dort. En voici un pourtant qui carde le coton au moyen des vibrations de la corde d'un arc qu'il tient à la main; en voilà un autre qui fait griller sur les charbons l'épi encore vert du maïs, c'est le régal du bas peuple. Les délicats préfèrent le café; il est toujours chaud; on vous le verse avec le marc, et presque sans sucre, dans une très-petite tasse en porcelaine, supportée par un pied en filigrane d'argent.

Voici un antre obscur, du fond duquel s'échappe un concert de voix criardes: c'est une école. Sur une natte le pédagogue est assis les jambes croisées; il est entouré des insignes de sa dignité ainsi que d'instruments qui paraissent destinés à punir les délits que leur vue n'aurait pas suffi à prévenir. Les enfants, rangés sur les trois autres côtés de la salle, étudient à haute voix en prononçant tous ensemble les mêmes paroles, selon l'usage du pays.

L'instruction primaire est à Jérusalem plus répandue qu'on ne croirait; elle est donnée gratuitement. Si l'école n'a pas de biens suffisants, c'est l'État qui pourvoit à ces frais. On enseigne aux enfants la lecture, l'écriture et les principes de leur religion. Peut-être, sous ce rapport, pourrions-nous aller chercher des exemples chez les Arabes. Quant aux écoles d'enseignement plus élevé, c'est ordinairement autour des mosquées qu'elles sont établies; ainsi voyait-on jadis nos écoles chrétiennes s'élever et prospérer à l'ombre de nos cathédrales et de nos cloîtres gothiques.

Après notre école, s'ouvre une boutique plus grande que les autres; son plancher, au niveau du sol, permet d'y entrer, c'est la boutique d'un barbier. La loquacité des barbiers est proverbiale : à Jérusalem comme ailleurs, c'est là qu'on apprend les nouvelles fausses ou vraies; là que les oisifs se donnent rendez-vous pour causer. Les pratiques sont assises sur une natte; le barbier, ceint d'un tablier blanc, et armé d'un rasoir qu'il affile sur une lanière de cuir pendue à sa ceinture, fauche vos cheveux aussi près de la racine qu'on le désire; jamais il ne se sert de ciseaux.

Les habitants du pays se font raser la tête et ne conservent sur sa sommité qu'une mèche de cheveux qu'ils éparpillent sur leur crâne dénudé.

Je livrai ma tête à l'artiste de Jérusalem pour qu'il l'accommodât à la dernière mode. Pendant l'opération, je remarquai dans un bocal de très-petites sangsues; on m'apprit que c'étaient les meilleures et qu'aux barbiers seuls appartient le droit de les poser. J'appris encore bien d'autres choses; par exemple, que les barbiers ne se servent pas de mouchoirs, et que le plat à barbe sert aussi à laver les pieds.

L'endroit que les Arabes fréquentent le plus avec la boutique du barbier, c'est l'établissement de bains.

En voici la description.

On entre d'abord dans une vaste salle peinte de mille couleurs : au milieu, est un bassin dans lequel s'égraînent en murmurant les liquides diamants d'un jet d'eau, et tout autour, des coussins sur des nattes. C'est dans cette première pièce qu'on se déshabille et qu'un drogman veille sur les vêtements, que sans cette précaution on pourrait bien ne pas retrouver. Vêtu d'un simple drap, on entre dans une seconde salle, moins grande que la première, aux murs nus et humides; un bassin d'eau bouillante y dégage une vapeur épaisse qui vous suffoque tout d'abord. Quand on commence à s'habituer à cette température, on vous pousse, bon gré mal gré, dans une seconde, puis dans une troisième étuve.

La première fois que je voulus me donner la jouissance d'un bain turc, c'est dans cette salle qu'on me laissa, bien enfermé, en tête à tête avec un seau d'eau froide. Je crus que c'était ma ration, et je commençais à l'employer en l'économisant, quand le baigneur rentra tout à coup. Il l'éloigna vivement, paraissant fort mécontent du sot usage que j'en avais fait; puis, faisant couler dans un petit bassin une eau si chaude que je n'y pouvais plonger la main, il m'en frotta le corps avec un gant de crin, pendant que, pour étouffer toute résistance, il me jetait sur la tête des flots mousseux d'eau de savon bouillante. Au moment où je croyais ma dernière heure arrivée, lorsque, tout étourdi, je gisais sur les dalles, le seau d'eau froide joua son rôle, et, tout à coup, je reçus une douche glaciale : l'opération était terminée. Je rentrai dans la première pièce; on me coucha sur un sofa, on m'enveloppa dans un vaste drap de toile, on m'essuya, on me sécha; puis cinq ou six enfants apportèrent processionellement les différentes parties de mon vêtement, en sorte que, quand tous eurent ainsi défilé devant moi, j'étais habillé, enchanté d'abord d'être enfin délivré de mon bain, et ensuite de trouver, grâce à lui, l'air extérieur moins brûlant.

Tous ces passe-temps, le bain, le barbier, la promenade, le narguileh ou le chibouk, ne sont pas très-amusants. Aussi les villes d'Orient n'ont-elles pas la prétention d'offrir aux étrangers beaucoup de plaisirs, Jérusalem moins que toute autre; c'est du reste, je pense, ce que l'on vient le moins chercher dans cette « ville, comme dit M. Énault, de religieux, de poëtes et de rêveurs[1]. »

Les visites aux habitants ont peu d'attrait; après les saluts d'usage, entre le tabac et le café, la conversation languit facilement. Les Européens sont rares; c'est d'abord le patriarche latin, Mgr Valerga, dont j'aurai occasion de parler plus tard; ce sont ensuite les religieux franciscains,

1. L. Énault, *La Terre Sainte.*

puis notre consul, M. Botta, enfin quelques négociants étrangers.

M. Botta est un très-savant orientaliste : il est intéressant de l'entendre causer sur ces pays qu'il connaît bien et dont il a presque adopté les usages.

Quant aux négociants, *ab uno disce omnes :*

Le *signor* P.... est de Modène ; c'est un de ces Italiens au visage bronzé, au regard farouche, surtout quand il raconte ses aventures, et aux membres athlétiques, tels qu'on se représente les brigands calabrais. Il épousa une belle Modenaise, de là tous ses malheurs ; bientôt il vit se renouveler à ses dépens l'histoire de Françoise de Rimini. Nouveau Lanciotto, il traversa du même coup d'épée son frère et sa femme, et s'enfuit. Longtemps il vécut d'une vie errante : pendant cette période, où puisa-t-il des ressources ? l'histoire ne le dit pas ; les bêtes fauves, tigres et panthères, exercèrent, selon son dire, la précision de son coup d'œil. Enfin, quand ses souvenirs et ses regrets se furent un peu enfoncés dans les brumes du passé, notre homme s'établit sur la côte d'Asie, où il vend aujourd'hui de beaux chevaux arabes.

Peut-être est-ce un jugement téméraire, mais je

n'ai jamais pu m'empêcher de penser que, comme lui, ses confrères avaient aussi éprouvé dans leur pays quelques désagréments.

Pour les habitants, les fêtes sont, ou des événements de famille comme des mariages, ou des anniversaires religieux. J'ai assisté à leur grande fête *des Sacrifices*, la fête du *Courban-Baïram*.

Comme le nom l'indique, on immole de tous côtés en ces jours solennels des victimes nombreuses. Le canon tonne, le sang des bœufs et des brebis coule à flots dans la mosquée d'Omar; le peuple, en habits de fête, encombre son parvis où il cherche à la fois et l'ombre des palmiers et la fraîcheur des fontaines.

Dans les jours moins mémorables on partage le temps entre le *far niente*, la table, et le plaisir d'entendre jouer d'instruments au son desquels dansent des danseuses salariées, car les Arabes riches ne dansent jamais eux-mêmes : on le comprend dans un pays aussi chaud, ainsi que l'exclamation d'un Arabe invité à un bal européen :

« A quoi pensent ces gens-là, s'écria-t-il, de danser ainsi pendant qu'ils ont dans l'antichambre tant de laquais qui ne font rien! »

C'est encore un grand plaisir que de se promener au milieu des tombeaux.

Revêtus de leurs habits les plus brillants, les Arabes vont s'asseoir sur la pierre qui recouvre la cendre des leurs ; le spectacle qui les environne ne semble pas assombrir leurs pensées ; ils y passent de longues heures, les femmes surtout, qui profitent de ces jours pour échapper à leur séquestration habituelle, et pour se livrer à des causeries si agréables, qu'elles emportent des vivres avec elles pour ne les interrompre que le plus tard possible.

V

Le Saint Sépulcre.

J'ai essayé de tracer une esquisse, bien imparfaite sans doute, de Jérusalem et de ses habitants. Rien ne nous empêche plus maintenant de courir au Saint Sépulcre, et, pour y arriver, quel meilleur chemin pourrions-nous choisir que la Voie Douloureuse? — c'est ainsi qu'on appelle le chemin que N. S. J. C. parcourut le jour de sa Passion pour se rendre au Calvaire.

Transportons-nous à la première station, au palais de Pilate. C'est aujourd'hui une caserne; par faveur pourtant on peut y pénétrer. De très-modernes constructions ont remplacé l'ancien palais du gouverneur romain; cependant la tradition indique encore la place des divers événements qui se sont accomplis dans ses murs.

Ici était le prétoire, où se consomma cet injuste jugement, et voici le *lithostrotos* où fut prononcé l'arrêt de mort dont la tradition nous a conservé le texte en ces termes : « Conduisez au lieu ordinaire des supplices Jésus de Nazareth, perturbateur du peuple, contempteur de César, et faux Messie, selon le témoignage des principaux de sa race. En dérision de sa fausse royauté crucifiez-le entre deux voleurs. Va, licteur, prépare les croix. »

Ces ruines gothiques sont celles d'une petite chapelle bâtie par les croisés sur le lieu du couronnement d'épines et des insultes prodiguées à Jésus-Christ par les soldats. Ici la *scala santa* de Rome conduisait au *lithostrotos*, et cette arcade qui traverse la rue, est très-probablement le dernier vestige d'un portique qui, sans doute, entourait la place du palais. C'est la seconde station.

Le peuple était réuni sur cette place ; c'est au-dessus de ce portique que Pilate a paru présentant sa victime à la foule, en disant : *Ecce homo.*

De là, le funèbre cortége s'est mis en marche vers le Golgotha ; sa direction est de l'est à l'ouest. Cent pas plus loin, Jésus tourne à gauche, et ombe pour la première fois : c'est la troisième station ; une colonne renversée marque la place de cette chute.

Il se relève, fait encore une trentaine de pas, et arrive au coin d'une rue parallèle à celle qu'il vient de quitter, et, comme elle, conduisant au palais de Pilate. Après la condamnation, la Sainte Vierge la suivait, sans doute pour éviter la foule et s'éloigner au plus vite de ce tribunal d'iniquité, lorsqu'au bout de cette rue, elle retrouve les cris, les vociférations, la populace furieuse. Elle est arrêtée par le cortége de son fils qu'on traîne brutalement au supplice : c'est la quatrième station.

J. C. fait encore dans cette rue cinquante pas environ; avant de la quitter, il peut voir la maison du mauvais riche; car la tradition et quelques Pères, veulent que cette histoire du riche inhumain et du pauvre Lazare ait été un fait vrai et connu à cette époque de la ville entière. J. C. a repris, en tournant à droite, la direction de l'est à l'ouest. Une pierre, scellée dans le mur, indique la cinquième station et le lieu où Simon le Cyrénéen vint partager son fardeau. Les fidèles la baisent souvent, et, pour ce motif, les musulmans la couvrent d'ordures; une fois même un enfant me lança une pierre et s'enfuit.

Le chemin commence à monter.

Ah! comme à Jérusalem, tout parle aux sens! comme l'émotion est naturelle! la chaleur, la fatigue qui vous accablent vous font comprendre l'épuisement du Sauveur : ses forces étaient brisées; la sueur coulait de son front divin; Sainte Véronique s'avance et l'essuie.

En vain Simon portait une partie de son fardeau; il tombe pour la seconde fois sur le seuil de la porte Judiciaire, au pied de cette colonne brisée qu'on voit encore dans une touffe de figuiers d'Inde. C'est là que jadis on affichait la sentence portée contre les criminels; de là le nom de la porte. Aujourd'hui, quand on a passé sous sa voûte, on ne se trouve plus hors de la ville; l'angle rentrant où était le Golgotha fait partie de l'enceinte et des constructions empêchent de suivre plus loin les traces exactes du Sauveur. Après la huitième station, où il consola les filles de Jérusalem, il faut faire un détour pour rejoindre la neuvième : c'est le lieu de la troisième chute. On est alors arrivé au couvent des Cophtes et des Abyssins qui touche à l'église du Saint Sépulcre. C'est dans son enceinte, c'est-à-dire sur le Calvaire, que s'est déroulée la suite de ce drame sanglant; c'est là aussi que nous verrons les dernières stations en suivant la procession des religieux franciscains; mais, avant, faisons connaissance avec le monument dans lequel nous venons d'entrer.

L'église du Saint Sépulcre est un édifice fort vaste; il se compose d'une grande rotonde surmontée d'une coupole couvrant un petit bâtiment intérieur qui est le tombeau de J. C., et, en outre, d'une nef fermée, orientée vers l'est et entourée de bas côtés. Sur la rotonde comme sur les bas côtés s'ouvrent beaucoup de portes au rez-de-chaussée et de fenêtres au premier étage. Elles donnent l'entrée et la lumière dans des chapelles ou sanctuaires révérés, et surtout dans les dépendances de l'église où les ministres des diverses sectes se sont établis avec femmes et enfants. Là sont des chambres, des greniers, des caves, où les provisions entassées font penser à un entrepôt bien plutôt qu'à un temple.

On peut juger de l'impression pénible qu'éprouve un étranger à la vue des objets les plus vulgaires étalés aux fenêtres qui donnent sur la rotonde, ou portés d'un lieu à l'autre comme à travers la cour d'une auberge; quand enfin, à travers les portes entr'ouvertes, il aperçoit les moindres détails du ménage.

Ce spectacle est bien plus choquant encore à l'époque de Pâques, quand les pèlerins affluent de toutes parts; car alors on peut voir, — qui le croirait! le temple sacré envahi et des bandes d'hommes et de femmes camper pêle-mêle, jour et nuit, sur le pavé de l'église.

Voilà le Saint-Sépulcre dans son ensemble : pour passer aux détails, nous suivrons la procession quotidienne des Franciscains, elle nous fera parcourir les dernières stations de la Voie Douloureuse que nous avons abandonnée, et visiter les différents sanctuaires ou chapelles illustrés par les souvenirs de la Passion, que la forme irrégulière de l'église lui permet de renfermer dans son enceinte.

Il est quatre heures. Les religieux sont réunis dans la chapelle qui leur est exclusivement réservée, au lieu même où Jésus-Christ, après sa résurrection, apparut à sa sainte mère.

Cette chapelle n'a rien de remarquable. Ses ornements, dans le genre italien, sont même d'assez mauvais goût.

Chaque assistant porte un cierge allumé; bientôt l'orgue se fait entendre, ses sons graves réveillent l'écho sous les voûtes du temple ; la procession se met en marche, en chantant des hymnes appropriées au lieu qu'elle va visiter.

La première station est dans la chapelle même, devant la colonne de la flagellation. On la distingue difficilement, au fond d'une niche profonde, obscure et grillée. Rome a la prétention de la posséder dans l'église de sainte Praxède; peut-être n'en est-ce qu'une partie, peut-être aussi en est-ce une autre à laquelle le Sauveur aurait été attaché dans le palais de Caïphe. Cette opinion me paraît plus probable, car le fragment de Rome ne me semble pas appartenir à la même colonne que celui de Jérusalem.

Au sortir de la chapelle, en faisant le tour de la nef des Grecs et commençant par les bas-côtés de gauche, on rencontre d'abord une excavation dans le rocher, on la nomme la *prison* de J.-C.; il y fut enfermé, croit-on, pendant les préparatifs du crucifiement : près de là, ses bourreaux se partagèrent ses vêtements.

Quelques pas plus loin, on descend quarante marches : c'est le lieu dit de l'*Invention de la Sainte Croix*. Les trois croix de J.-C. et des deux larrons avaient été jetées dans une citerne; la piété d'Hélène, mère de Constantin, les en fit sortir après trois siècles d'oubli, et un miracle révéla au monde la croix du Sauveur. Des lampes et des cierges sont le seul ornement de l'autel. Nous remontons douze marches; c'est la chapelle d'Hélène : c'est là que la pieuse impératrice se tenait pendant les fouilles pour activer les travaux et en obtenir du ciel le succès. Quand la procession est remontée dans l'église, elle suit de nouveau les bas-côtés pour s'arrêter devant la colonne de l'*Impropère* (*Columna Improperiorum*); là, Jésus fut abreuvé d'outrages et couronné d'épines.

Enfin, dix-huit marches très-hautes conduisent au Calvaire. Ce n'est plus malheureusement le Golgotha, tel qu'il était jadis; la colline a disparu sans doute en partie, par suite de l'exhaussement du sol environnant, car depuis des siècles les ruines se sont amoncelées sur d'autres ruines. Par un second malheur, la montagne sainte est dérobée aux regards par la pierre et le marbre : ce n'est plus qu'une chapelle ordinaire, où rien ne parle aux yeux.

Sur le Calvaire sont deux autels : l'un s'élève sur la place où Jésus fut cloué à la croix, et on s'y arrête en chantant le *Vexilla*, cet hymne de réhabilitation de l'instrument du supplice; l'autre est au lieu où la croix fut dressée : on voit encore entouré de marbre blanc le trou dans lequel on l'enfonça. Les peintures de la chapelle sont fanées; les autels, les ornements n'ont rien de remarquable; de vieilles draperies rouges couvrent à demi les murs, des cierges se dressent sur les autels, et des lampes constamment allumées noircissent la voûte de leur épaisse fumée.

Nous avons fait le tour de la nef, et nous

sommes devant l'entrée de l'église située au sud; c'est là qu'est établi le corps de garde des Turcs; ils sont couchés sur des sofas dans la pénombre du portail; ils fument et prennent le café tour à tour.

La station à laquelle on s'arrête est la pierre de l'*Onction*. Cette dalle de marbre rouge recouvre la partie du rocher sur lequel Jésus, descendu de la croix, fut embaumé par Nicodème et Joseph d'Arimathie. Il n'y a pas d'autel ni d'autre ornement que des flambeaux et des lampes allumées.

De là, en avançant sous la coupole, on s'arrête enfin devant le petit édicule qu'elle recouvre, devant le saint tombeau du Sauveur. Encore ici comme au Calvaire; pourquoi faut-il que le marbre et mille ornements inopportuns en dérobent la vue aux pèlerins? On gémit, lorsqu'on se prosterne dans ce saint lieu, d'être réduit, à refaire par la pensée, le tombeau qu'il renferme; combien la pierre nue ne parlerait-elle pas plus aux sens! avec quelle émotion l'on baiserait l'excavation même où reposa le corps sacré du Sauveur!

Ce n'est pas que l'authenticité de ces lieux soit moins certaine; on sait que les païens eux-mêmes se sont chargés de la rendre incontestable, et de marquer la place exacte de ces grands événements, en pensant la souiller. Ainsi, souvent Dieu force les hommes à concourir à ses volontés saintes, alors qu'ils croient agir avec le plus d'efficacité contre lui : les statues de Vénus et de Jupiter ont indiqué fidèlement la place du Saint Sépulcre et du Calvaire, jusqu'au jour où la piété des empereurs chrétiens y éleva des autels; à partir de ce jour, une tradition non interrompue et la vénération continue de ces lieux sacrés ne permit plus que le souvenir s'en effaçât jamais.

Non-seulement le lieu est bien évidemment celui où fut déposé le corps de Jésus-Christ, mais tout porte à penser aussi que le rocher, recouvert par ce marbre, est bien celui qui reçut le sacré dépôt. Il est vrai que sa forme de mausolée est contraire à tous les usages juifs, en fait de sépultures, comme nous le verrons lorsque nous étudierons leurs sépulcres, qui tous, étaient creusés dans le roc. Mais les Grecs expliquent ce fait en disant qu'Hélène tailla le rocher dans lequel était creusée l'excavation sépulcrale jusqu'au niveau de cette crypte, qui s'éleva par suite, isolée au milieu de la plate-forme ainsi préparée pour recevoir la basilique Constantinienne. Cette explication s'accorde avec les descriptions données par les auteurs les plus anciens; le tombeau d'Absalon, détaché lui aussi du roc, qu'on nivela tout autour, la rend très-vraisemblable, et, s'il faut lui donner la sanction de la science, citons Williams et le Rév. Rob. Willis. Ce dernier pense que, les païens ayant fait disparaître, avec des terres rapportées, les inégalités du rocher, Constantin les fit enlever, qu'alors « on découvrit, contrairement à toute attente, que l'excavation sépulcrale existait encore dessous sans être endommagée[1]. » Telle est l'opinion générale; seul, le docteur Schultz suppose, sans autre autorité que l'opinion de Guillaume de Baldensel, que le saint tombeau fut détruit, et que nous n'en avons plus qu'une représentation au lieu précis, toutefois, où était le véritable. Ainsi l'emplacement, tout au moins, n'est contesté par personne.

Le tombeau est à une soixantaine de pas du pied du Golgotha; l'édicule qui le couvre, carré par devant, est pentagone par derrière, c'est-à-dire à l'ouest. Il a cinq mètres sur huit, et est divisé en deux parties : la première est appelée

1. When this was done, it was discovered contrary to all expectation that the sepulchral cavern existed unharmed beneath. (Willis, dissertation insérée dans *The Holy City*, de Williams.)

la *chapelle de l'Ange*, c'est là qu'il se tenait quand il dit aux saintes femmes : « Ne craignez pas : vous cherchez Jésus qui a été crucifié, il n'est plus ici, il est ressuscité comme il l'avait prédit. » La seconde, dans laquelle on n'entre qu'en se baissant, peut à peine contenir quatre personnes; c'est la chambre sépulcrale, c'est ce tombeau glorieux, *sepulchrum ejus erit gloriosum*, qui a été le berceau de notre civilisation; ce tombeau qui a arraché l'Europe de ses fondements pour la précipiter sur l'Asie, qui a fait déployer tant de courage, suscité tant de héros, fait verser tant de larmes.

Un jour, Richard d'Angleterre poussa ses reconnaissances jusque sur les montagnes qui forment comme une ceinture à la Ville Sainte, *montes in circuitu ejus;* à sa vue il s'arrête, se couvre le front de son bouclier, et pleure amèrement, n'osant seulement jeter les yeux sur ce saint tombeau qu'il ne pouvait délivrer.

Quelle indifférence a succédé à tant de dévouement !

Sepulchrum ejus erit gloriosum, il n'est pas jusqu'aux musulmans qui vénèrent le lieu de sépulture du grand Prophète. Les Grecs prétendent que là est le centre du monde, vérité saisissante au point de vue religieux : depuis deux mille ans tout converge vers ce centre mystérieux.

De nombreuses lampes d'argent, suspendues par les différents cultes qui se partagent la jouissance du Saint Sépulcre, brûlent nuit et jour, et l'essence de rose coule à flots sur le marbre. Plusieurs petites lucarnes sont ouvertes dans les murs. C'est par là que se joue la ridicule comédie du *feu sacré*.

Le Samedi Saint, lorsque l'affluence des pèlerins est plus grande dans l'église, un évêque grec, nommé à cause de ses fonctions l'*Évêque du feu*, entre seul dans le sépulcre et s'y enferme. Tout à coup, le gouverneur turc, auquel cet honneur est bien dû pour tous les bons offices rendus pendant l'année, donne un signal. Obéissant à sa voix comme à celle d'Élie, le feu du ciel est sans doute descendu sur l'évêque et sur le cierge qu'il tient, car il le passe à l'instant même tout allumé par une des lucarnes. Les Grecs alors se précipitent; on passe de mains en mains ce feu sacré, mille cierges s'allument; les hommes, les femmes, les enfants s'étourdissent de leur joie bruyante, et bientôt, dans leur ivresse factice, ils se croient tout permis; au moins a-t-on tout vu, depuis le meurtre jusqu'aux actes les plus indécents, les plus indignes du lieu saint. Pendant cette scène de désordre, quelques schismatiques plus graves emportent chez eux le feu sacré jusqu'à de grandes distances ; on cite avec honneur des pèlerins qui en ont rapporté jusqu'à Constantinople.

Non loin du Saint-Sépulcre est le lieu où Jésus, sous l'extérieur d'un jardinier, se fit voir à Marie Madeleine ; la procession s'y arrête encore pour rentrer enfin dans la chapelle des Latins d'où elle était partie.

Tels sont les lieux qu'elle visite, il en est pourtant encore d'autres dignes, eux aussi, de vénération, et auxquels s'attachent de grands souvenirs.

C'est d'abord la chapelle d'Adam. La tradition suppose que la tête du premier homme aurait été déposée sur le Calvaire, *Calvariæ locus*, *le lieu du crâne;* ainsi le sang du second Adam, à travers les fentes du rocher, aurait coulé jusqu'à la tête du premier homme pour effacer, avant tout, la tache de son péché : telle est la fiction pieuse que rappelle le nom de cette chapelle. On y fait remarquer une fente profonde se prolongeant perpendiculairement jusqu'au trou de la croix — car la chapelle d'Adam est une grotte creusée précisément au-dessous du Calvaire. —

Cette fente est le résultat de la grande commotion qui accompagna la mort de l'Homme-Dieu : *Et petræ scissæ sunt.*

A l'entrée de cette chapelle, deux tombeaux, glorieux eux aussi, semblaient naguère encore deux vigilantes sentinelles, gardant le Saint Sépu cre pour lequel leur sang avait coulé : c'étaien les tombeaux de Godefroi de Bouillon et de Baudouin son frère.

La gloire de ces héros troublait les Grecs auxquels ils rappelaient et leur perfidie et nos titres à la possession des Lieux Saints. Lors de la reconstruction d'une partie du temple, en 1808, ils ont fait disparaître les deux tombeaux. Ils ont fait plus : ces sépultures que les musulmans avaient respectées, ils les ont violées, ils en ont jeté les cendres au vent !

On montre aussi la chapelle de Longin, ce centurion qui perça le flanc du Sauveur et se convertit ensuite ; et la chapelle du Titre de la Croix, où fut conservée cette inscription, en trois langues, attachée au-dessus de la tête de Jésus crucifié. Retrouvée par Hélène, en 326, selon le récit de Sozomène, elle est aujourd'hui déposée à Rome dans l'église Sainte-Croix de Jérusalem.

Enfin, près du Saint Sépulcre, on voit encore

creusée dans le rocher, une tombe qui fait comprendre la disposition de celle de Notre-Seigneur; je veux parler de la tombe de Joseph d'Arimathie. Après avoir eu l'honneur de céder son tombeau à Jésus-Christ, il voulut avoir encore celui de reposer, après sa mort, près du lieu où son divin Maître avait bien voulu se soumettre pendant trois jours à la loi commune. Ce tombeau est une chambre très-petite comme celle du Saint Sépulcre, on y arrive par un couloir étroit; cette crypte et le couloir qui y conduit sont creusés dans le rocher : nouvelle preuve qu'il en pouvait être de même du tombeau du Sauveur[1].

Il existe encore une chapelle dont l'entrée se trouve en dehors de l'église, mais qui communique avec le Calvaire par une fenêtre grillée; c'est la chapelle de Notre-Dame des Douleurs. On y monte par une vingtaine de marches; Marie s'y tenait pendant le crucifiement : *Stabat mater dolorosa, juxta crucem lacrymosa.*

Telle est l'église du Saint Sépulcre. Assurément, ce qu'on y va chercher, ce sont des souvenirs, des émotions; à Jérusalem, l'artiste doit s'effacer

1. Which certainly bear the marks of antiquity and serve further to prove that sepulchral excavations existed here in ancient times. (Williams, *The Holy City.*)

pour faire place au chrétien; c'est avec la foi qu'il faut visiter la Ville Sainte; en pèlerin et non en touriste; disons cependant un mot de l'architecture du monument, rien de ce qui a trait à un lieu si vénérable ne saurait être dénué d'intérêt. J'emprunterai cette description à l'excellent ouvrage de M. l'abbé Azaïs[1].

« L'église du Saint Sépulcre, dit-il, est précédée d'un parvis, qui devait être primitivement un cloître, il ne reste plus rien de la basilique Constantinienne, bâtie par sainte Hélène, avec une rare magnificence, et où, suivant l'expression d'un auteur, l'architecture chrétienne se relevait dans sa juvénile beauté. Dévastée en 614, par Chosroës, elle tomba encore sous les coups du farouche Hakem, au commencement du XIe siècle. Le monument actuel est en grande partie l'œuvre des croisés, comme l'atteste la présence de l'ogive. La façade présente une disposition très-simple : deux portes acculées, dont l'une murée, sont surmontées de deux fenêtres et séparées d'elles par une architrave ornée de feuillages délicatement ouvragés. Les ailes des portes sont flanquées de trois colonnes qui supportent des voussures

1. *Pèlerinage en Terre Sainte*, par M. l'abbé Azaïs.

dont l'arc se brise en ogive. Le tympan a perdu les riches mosaïques qui le décoraient. Sur le linteau qui sépare les portes, court une frise d'un travail merveilleux; des chapiteaux admirablement fouillés s'épanouissent sur des fûts de cipolin ou de vert antique. Les deux baies qui surmontent cet ensemble gracieux et sévère à la fois, forment la répétition de l'étage inférieur, avec cette différence que l'ogive est à peine accusée. Le faîte de la façade présente un entablement peu saillant orné de denticules, qui court horizontalement d'un côté de la place à l'autre; il s'arrête à gauche du spectateur contre les pans d'un énorme clocher dont les baies ogivales et les contre-forts à amortissement très-prononcé révèlent la même époque que la façade. Il a été découronné par les musulmans, qui ne permettent pas aux chrétiens de Syrie l'usage des cloches.... A droite, et faisant saillie sur la place, est un petit monument carré à baies ogivales et surmonté d'un dôme, c'est la chapelle de Notre-Dame des Douleurs. Elle forme un étage intermédiaire entre le sol de la place et le niveau du Calvaire dont elle était autrefois le vestibule. Le nom qu'elle porte va bien à côté du Golgotha. C'est surtout dans l'église du Saint Sépulcre qu'on voit l'heureuse fusion des éléments qui ont donné naissance au style roman; l'Orient s'y rencontre à côté de l'Occident, les ornements grecs et arabes à côté du roman, le cintre simultanément avec l'ogive. C'est un style de transition qui commence à se faire jour et qui bientôt s'épanouira dans toute sa richesse. »

L'intérieur de l'église, rebâti en partie par les Grecs après l'incendie de 1808, sur les plans d'un architecte de Mytilène, est lourd et de mauvais goût. Quel contraste pénible entre le temple et son portail, quel désaccord! Ici c'est la foi inspirée; là le schisme glacial; et sous la coupole, le petit édicule du Saint Sépulcre, si gracieux du temps de M. de Chateaubriand, qui avait, dit-il, « la forme d'un catafalque orné d'arceaux demi-gothiques, engagés dans les côtés pleins de ce catafalque, et s'élevait élégamment sous le dôme qui l'éclaire, » ce petit monument a été détruit par les Grecs, bien que l'incendie ne l'eût pas endommagé, et remplacé par une construction massive et sans grâce.

Décidément, en fait d'architecture religieuse, en Orient aussi bien qu'en Occident, le schisme, comme l'hérésie et l'impiété, a la main malheureuse; la foi seule a le privilége de savoir bâtir des églises.

On ne connaît complétement le Saint Sépulcre que quand on a passé au moins une nuit dans ses murs. Ceci demande une explication.

Cette église est sous la garde des musulmans, qui, spéculant sur la ferveur des pèlerins des divers cultes, vendent le droit d'y entrer. Le pacha de Jérusalem afferme cet impôt au plus offrant, lequel établit des gardiens qui, bien entendu, tiennent la porte close et ne l'ouvrent qu'à beaux deniers comptants. Doit-on s'indigner contre ces gardiens, ou les plaindre? Pour moi, je prendrai le dernier parti ; ne gagnent-ils pas leur pain d'une façon fort ennuyeuse, séparés, eux aussi, du reste des humains; cloîtrés derrière les mêmes barres de fer que nos religieux, sans être soutenus par un aussi bon motif? Le même guichet sert à faire passer les vivres aux geôliers comme aux prisonniers, geôliers d'ailleurs fort doux, qui partagent les longues heures du jour entre le sommeil et le narguileh. On leur fait, je le sais, un crime de fumer dans le Saint Sépulcre; quiconque connaît les Turcs et le besoin qu'ils ont de ce passe-temps, le leur pardonnera bien. S'il n'y avait d'autre scandale aux saints lieux, on pourrait se tenir pour satisfait.

Trois personnes seulement ont le droit de faire

tomber les verroux : le Révérendissime supérieur des Franciscains, le patriarche grec et le patriarche arménien. Le service des Lieux Saints deviendrait donc ruineux pour les religieux qui en sont chargés, si chaque jour ils devaient acheter le droit d'y entrer. Pour obvier à cet inconvénient, Latins, Grecs, Arméniens ont chacun un couvent à l'intérieur même du temple et dans ses dépendances.

Pour ne parler que des Latins, tous les trois mois dix de nos religieux vont s'enfermer dans un bâtiment sombre, humide, étroit, et n'en sortent qu'à de rares intervalles pour respirer un peu d'air vital hors de ce tombeau anticipé, où ils remplacent les anciens chanoines, institués par Godefroi de Bouillon pour le service des saints lieux.

Mais ce n'est pas assez : les gardiens musulmans n'ouvrent pas leur porte de très-bonne heure; les pèlerins seraient par conséquent dans l'impossibilité d'assister aux messes qui se disent au Saint Sépulcre, encore moins aux offices nocturnes, s'ils ne prenaient le parti de se faire enfermer dans le temple pendant une ou plusieurs nuits.

Lorsque la procession des religieux est rentrée le soir dans leur chapelle, la foule peu nombreuse, hélas ! qui l'accompagne, sort de l'église, et bientôt l'on entend la lourde porte crier sur ses gonds d'airain ; le bruit des barres de fer et des verroux retentit sous les voûtes : on est prisonnier jusqu'au lendemain.

Dans la chapelle des RR. PP. est une porte basse, bardée de fer ; c'est l'unique entrée de leur petit couvent. Un escalier étroit et sombre lui succède. Conduit par un des Pères, Belge aimable et parlant bien français, j'en suivis les détours et parvins au réfectoire. Les murs étaient nus et dégouttant d'eau, le pavé couvert d'une mousse verdâtre. Je m'assis avec les Pères sur un banc de bois, et partageai, à la lueur douteuse d'une lampe, leur repas frugal, mais servi par l'un d'eux avec une propreté qu'on ne trouve pas ordinairement dans leurs couvents.

Je voudrais que ceux qui, après un bon repas, font de fort beaux discours sur l'oisiveté des moines, aient le courage, ne fût-ce qu'une semaine, d'adopter le régime de ceux du Saint Sépulcre ; je voudrais qu'ils vissent les yeux caves, les pommettes saillantes, le teint maladif de ces spectres vivants, avant de les représenter étouffant dans leurs robes trop étroites.

Quoi qu'il en soit, le souper à peine fini, on fit trêve aux conversations que j'aurais voulu prolonger ; les bons Pères sont avares de leur nuit, qui ne doit pas tout entière appartenir au sommeil. En effet, à peine avais-je eu le temps de fermer l'œil, après une lutte prolongée contre les moustiques qu'attire l'humidité des cellules, qu'un vacarme effroyable me fit bondir sur mon dur lit de cénobite : c'étaient les sons retentissants de la cloche qui appelait à matines.

Il était minuit.

Cette nuit-là je descendis au chœur, poussé par la curiosité ; mais les autres fois, j'avoue que je me bornai à plaindre ces pauvres religieux qui voyaient chacune de leurs nuits ainsi brusquement interrompue.

Pendant qu'on psalmodiait à la chapelle latine l'office de la nuit, d'autres scènes appelaient mon attention : les Grecs, eux aussi, étaient sur pied ; au lieu d'agiter une cloche, ils frappaient avec des marteaux sur le *simantérion*. Le *simantérion* se compose de bandes de bois ou de fer suspendues à des cordes, et dont on obtient, en les frappant, des sons variés qui ne manquent pas d'originalité. C'est ainsi que les Grecs appellent les fidèles à la prière.

Je courus à leur office, qui se célébrait sur le Calvaire. Leur tenue manquait absolument de dignité, comme leur costume de propreté. Les *caloyers* ou religieux grecs, ont la tête couverte d'une toque assez semblable à celle de nos juges, de laquelle s'échappent de longues mèches de cheveux; leur robe noire, serrée à la ceinture, tombe jusque sur leurs pieds.

Tels étaient ceux que j'avais devant moi Ils paraissaient fort ennuyés de leur métier nocturne, et psalmodiaient leurs prières d'un ton languissant et monotone. Du reste, en dehors de quelques cérémonies — auxquelles je n'ai jamais rien compris, — et que l'un d'eux exécutait lentement, je ne remarquai autre chose que des saluts très-fatigants; des milliers de signes de croix, régulièrement faits à l'envers avec trois doigts seulement; et des millions de *kyrie eleison* débités avec une volubilité toujours croissante, et telle que le caloyer ne pouvait pas, à la fin, savoir plus que moi, ce qu'il disait.

Suffisamment édifié sur l'office des Grecs, je passai à celui des Arméniens. Là, au moins, je trouvai de beaux ornements, de nobles chants et un maintien digne.

C'était au Saint Sépulcre; le prêtre avait une belle et vénérable figure relevée par une barbe superbe; un manteau, brodé d'or et des plus brillantes couleurs, était jeté sur ses épaules et traînait à terre derrière lui; sur sa tête était une tiare arrondie et peu élevée. Entre les Grecs et les Arméniens la comparaison n'est pas possible; les premiers me paraissaient des acteurs mercenaires, qui ne se croyaient pas observés; les seconds, de malheureux égarés, peut-être de bonne foi, et je vois avec plaisir que mes impressions sont partagées par M. l'abbé Azaïs : « Quelque temps après l'office des religieux latins, dit-il, d'autres voix retentissent sous les voûtes de la basilique, ce sont celles des moines grecs qui célèbrent leur office au Calvaire. Leur chant monotone et parfois précipité et saccadé, est sans dignité et sans harmonie, il ne va pas au cœur comme celui que nous avons entendu naguère à la chapelle des Franciscains; il paraît faux comme leur croyance. Bientôt d'autres voix, plus mâles et plus puissantes, nous arrivent du Saint Sépulcre : ce sont celles des Arméniens, puis celles des Cophtes qui célèbrent auprès du saint tombeau les louanges du Christ ressuscité. »

On ne peut s'empêcher de gémir quand on pense aux profanations, à chaque instant renouvelées, qui viennent outrager N. S. J. C. plus grièvement, ce semble, sur les lieux mêmes où il voulut faire éclater son amour pour les hommes. Chaque jour, les prêtres grecs consacrent valablement l'hostie sur le tombeau du Sauveur, le font descendre malgré lui entre leurs mains profanatrices, et lui donnent pour demeure leur cœur endurci trop souvent de mauvaise foi.

Quand de nouveau le silence se fut fait dans l'église, je remontai dans ma cellule. Ce ne fut pas encore pour longtemps. A quatre heures du matin, la même cloche aux sons éclatants m'appela de nouveau à la première messe.

O impudence ! dans ce temple bâti par les croisés nos pères ; dans ce temple dont seuls nous devrions être les maîtres, on nous mesure le temps de nos prières, on compte le nombre de messes que nos religieux diront ; ils en célébreront trois, deux basses et une chantée, et le tout devra être terminé à six heures !

A quatre heures donc, sans perdre une minute, le prêtre entre dans le second compartiment du sépulcre ; le marbre du tombeau lui sert d'autel ; le vin et l'eau sont posés sur la pierre sur laquelle l'ange s'est assis. Seul avec lui dans cet étroit espace, le pèlerin oublie un instant le monde, dont les sons ne pénètrent plus jusqu'à lui ; il médite sur l'événement étonnant, inexplicable, à quelque point de vue qu'on se place, qui s'est passé entre ces quatre parois de rocher. Il appuie en silence son front sur ce tombeau, unique au monde, où la mort n'a pas su retenir sa victime.

Cependant les messes latines sont terminées.

Nous pouvons quitter le Saint Sépulcre; les profanations vont y recommencer. Mais, avant de sortir du temple, je veux recueillir mes souvenirs, et, complétant des renseignements réunis dans le pays, par l'analyse de la remarquable brochure de M. Eug. Boré, je dirai quelques mots des envahissements des Grecs et de la question des Lieux Saints, prétexte de la guerre qui menaça récemment d'embraser l'Europe entière.

VI

La question des Lieux Saints.

On se tromperait si l'on pensait que notre possession des saints lieux ne remontât qu'au temps des croisades. Bien avant, de nombreux pèlerins allaient chercher à Jérusalem le pardon de leurs fautes ou ranimer leur ferveur au berceau même du christianisme. Là, des religieux les recevaient, dirigeaient leurs consciences et célébraient les louanges du Sauveur aux lieux mêmes où il souffrit. On trouve des preuves certaines de leur occupation de ces sanctuaires en l'année **1023**. Et qu'on ne croie pas qu'il s'agisse de religieux grecs ou sujets des empereurs grecs, comme l'ont avancé nos adversaires pour appuyer leurs prétentions à l'antériorité; les actes émanés des princes musulmans parlent de religieux *francs* [1]. L'ère des croisades arrive : ce sont encore les *Francs* qui

1. Eug. Boré, *Question des Lieux Saints*, 1850.

paraissent sur la scène ; ce sont eux qui versent pour les saints lieux le plus pur de leur sang, et si les Grecs y figurent, c'est pour trahir et rançonner les libérateurs du sépulcre.

Lors de la chute du royaume latin de Jérusalem, lorsque les guerriers cèdent devant la force et l'épée, nous voyons les religieux franciscains sur la brèche; saint François était venu lui-même les y placer au premier rang. Ils n'en descendront plus ; les persécuteurs se lasseront avant que leur courage fléchisse, et au commencement du XVIIe siècle ils comptaient déjà deux cent vingt-neuf martyrs parmi leurs titres de gloire [1].

Plusieurs fois, dans d'heureux instants de calme, leur nom est rappelé dans des actes constatant leurs droits, qui sont ceux des catholiques. Mais ce n'est pas assez, il nous faut un titre plus décisif, qui ne laisse même pas place à la mauvaise foi, qui ne se taise que devant la violence. Ce titre péremptoire, nous l'avons en 1342. La haine élevait des obstacles, créait des difficultés. Pour trancher définitivement la question, Robert, roi de Sicile, et Sanche, sa femme, achetèrent les lieux saints pour une forte somme d'argent. Com-

1. Eug. Boré.

ment donc contester les droits des Latins ? La conquête même du pays par des étrangers ne pouvait infirmer ces droits sans la plus criante injustice; car si la conquête fait passer aux mains des vainqueurs les propriétés publiques des vaincus, elle ne leur a jamais donné aucun droit sur les propriétés privées [1].

A ces titres, que peuvent donc opposer les Grecs?

Les Grecs ne sont jamais à bout de moyens; tantôt ils ont recours à la ruse, aux faux et aux mensonges; tantôt à la violence ou à la corruption, et l'on sait que nulle part ces deux moyens n'ont plus d'impudeur et de puissance qu'en Turquie : la violence commence l'œuvre d'usurpation, la corruption l'assure.

Ils se contentèrent d'abord de produire de faux témoins qui affirmaient leurs droits, et d'acheter la conscience de leurs juges; mais, sentant enfin la faiblesse de ces moyens, même aux yeux de la vénalité turque, en présence de titres nombreux et formels, ils comprirent la nécessité d'en produire à leur tour, et, pour y arriver, ils eurent recours au grand moyen de leur chef Photius; ils fabriquèrent ce titre. C'est, dit M. Famin, « un docu-

1. Eug. Boré.

ment que des débats judiciaires ont solennellement déclaré apocryphe, et cette pièce existe encore aujourd'hui entre les mains des moines grecs de la Terre Sainte, qui s'obstinent à le présenter comme leur titre le plus précieux[1]. » S'il en est ainsi, examinons-le avec plus d'attention.

Ce titre est un prétendu firman d'Omar, premier conquérant musulman de Jérusalem. Il dit que peu de temps après la mort de Mahomet, Omar, fils de Khatab, conquérant de Jérusalem, y créa patriarche un certain Sophronius, et l'établit sur le mont des Oliviers comme supérieur et chef de tous les chrétiens de son empire, auxquels il permettait de conserver leurs églises et d'exercer leur culte.

Bien respectable origine sans doute des droits des Grecs que la nomination d'un patriarche par un prince musulman !

Mais ne les chicanons pas pour si peu; car ce firman, nous l'avons dit, est apocryphe, bien que plusieurs auteurs trompés l'aient publié comme authentique.

Les preuves ne manquent pas.

L'écriture, au témoignage de M. Boré, qui l'a

1. Famin, *Des églises chrétiennes en Orient.*

vu, indique qu'il est loin de remonter à l'époque d'Omar; puis les différentes copies qui en existent ne concordent pas ensemble : les unes appellent le patriarche, Sophronius; les autres, Zéphirinus.

Les savants, du reste, ne sont pas seuls à proclamer la fraude; les Turcs l'ont reconnue plusieurs fois. Hassan-Aga, chargé de l'examiner, le qualifia dans son rapport de faux, inventé et contenant des prétentions inadmissibles; deux autres enquêtes, faites dans le même but, arrivent aux mêmes conclusions, que confirment en 1690 un jugement rendu par le Divan.

Cependant, si les Grecs le veulent, admettons qu'il soit authentique.

Que prouvera-t-il? Il ne ferait qu'énoncer ce qui était le droit commun de la conquête chez les musulmans, à savoir : le libre exercice du culte pour les vaincus et la conservation des églises à titre d'usufruit.

Mais peut-être établira-t-il l'antériorité du droit des Grecs? Que les Grecs prennent garde, car l'antiquité du firman, au lieu de leur être favorable, pourrait bien, à leur insu, tourner contre eux-mêmes. Qu'étaient en effet ces chrétiens dont parle le firman? Est-ce qu'il y avait des Grecs en 636? Non. Photius n'avait pas encore paru, et ces chrétiens, c'étaient des catholiques; s'il y avait des Grecs, c'étaient des Grecs d'origine, soumis alors à l'église romaine.

On le voit, les Grecs d'aujourd'hui n'ont que faire de ce firman, et leur meilleur titre n'est pas bien bon.

Forts cependant de ce prétendu firman, ils n'ont cessé de réclamer, et tantôt ils ont obtenu tout ou partie des sanctuaires, tantôt ils ont été forcés de les restituer, selon que la vénalité des agents turcs était plus grande ou l'influence française plus puissante à Constantinople.

A chaque changement de sultan ou même de vizir, ils reproduisent leurs pièces fausses, les appuient de leurs dons, font agir même leurs femmes et leurs filles, dit la chronique, et par ces moyens allongent à chaque fois d'un anneau cette chaîne déjà longue de pièces capables de surprendre, il est vrai, à première vue, par leur volume et leur nombre, mais sans valeur pourtant, puisqu'elles ne sont que des légalisations d'une première pièce fausse [1].

Notre dernier titre complet est le firman obtenu par M. le comte de Vergennes en 1757. Pourquoi,

1. Eug. Boré.

depuis cette époque les réclamations ne furent-elles que partielles? Pourquoi, à l'exemple des Grecs, n'avons-nous pas fait renouveler ce firman? Pourquoi, au moins, n'avons-nous pas réclamé contre l'usurpation?

Elle ne se fit pas attendre : la même année, fidèles à une tactique qui leur est habituelle et leur réussit, les Grecs, à l'époque de Pâques, lorsqu'il est facile d'exciter le tumulte parmi ces bandes de pèlerins qu'attire la solennité, se ruèrent sur l'autel des catholiques, le pillèrent et les accusèrent ensuite d'avoir été les agresseurs.

Raghib-Pacha, alors grand vizir, étouffa l'affaire — il devait trop aux Grecs — et les investit même bientôt par un firman des sanctuaires que nous ne cessons de réclamer. Son unique réponse aux plaintes de notre ambassadeur fut celle-ci : « Ces lieux appartiennent au sultan mon maître ; il les concède à qui il lui plaît. Il se peut qu'ils aient toujours été aux mains des Francs, mais aujourd'hui il veut qu'ils soient aux Grecs. » Nous pouvons maintenant apprécier la justice de cette réponse. Nous savons en effet que, depuis l'acquisition qui en fut faite par le roi Robert de Sicile en 1342, ces lieux n'appartiennent plus au sultan, qui ne peut par conséquent en disposer ainsi[1].

Mais quand même, ce qui n'est pas, ils lui auraient appartenu, depuis quand un souverain peut-il se jouer impunément de ses engagements et des traités? Car, sans parler des *capitulations* parce que ce sont des contrats unilatéraux, n'en avons-nous pas qui nous assurent la libre jouissance des saints lieux? Aujourd'hui que la Porte est entrée dans la grande famille des puissances européennes et qu'elle cherche à prendre rang parmi les nations éclairées; aujourd'hui qu'elle semble vouloir secouer le joug de ses préjugés séculaires pour suivre la voie de la civilisation, peut-elle compter pour rien sa parole solennellement engagée; et la France, en n'exigeant pas l'exécution de ces mêmes traités, ne craint-elle pas de manquer à son devoir?

Nous l'avons dit, depuis le firman obtenu par M. de Vergennes, les réclamations n'ont plus été que partielles.

En 1802, à la demande du général Brune, les religieux furent réintégrés dans la possession de la grotte de Gethsémani, et en 1811 M. de

1. Eug. Boré.

Latour-Maubourg obtenait une déclaration constatant que la réédification de la coupole du Saint Sépulcre par les Grecs ne lésait pas les droits des catholiques. Mais ce n'est pas assez, nous pouvons demander et obtenir davantage. Assez de sang français a coulé pour la cause du sultan.

Pourquoi négliger notre droit? L'intérêt en jeu est assez grand; il ne s'agit pas en effet de savoir, comme l'ignorance l'a dit, combien chaque parti allumera de lampes; ou bien à quel autel on étendra un tapis. Puisque ces actes extérieurs sont, suivant les lois turques, des signes de propriété qui préjugent les questions en litige, il s'agit de savoir si les voleurs resteront en possession des biens volés.

Qu'on ne croie pas non plus que la question soit uniquement religieuse; elle est au moins autant politique.

La Porte pourra-t-elle impunément se jouer des traités? l'honneur de la France, partie contractante, le permet-il? après avoir pris les religieux latins sous sa protection pendant des siècles, peut-elle sans honte les abandonner lorsqu'ils ont besoin d'elle, lorsqu'ils réclament son secours, lorsqu'elle pourrait si facilement tout obtenir? Telle est la question.

Par un heureux concours de circonstances, notre

intérêt est ici d'accord avec les exigences de notre honneur national. Notre influence est immense en Orient; la Palestine, la Syrie, le Liban sont des pays français par habitude et par souvenir. Mais, prenons garde, pendant que notre indifférence nous aveugle même sur nos intérêts, d'autres, comprenant mieux le parti qu'on peut tirer de ce patronage des catholiques en Orient, s'agitent avec ardeur. L'Autriche cherche à prendre pied à côté de la France; elle multiplie dans ce but les dons et les secours ; elle promet de fortes sommes à qui voudra fonder quoi que ce soit *en son nom* et sous *son patronage ;* l'Espagne même fait passer des fonds aux religieux franciscains par les mains de ses consuls; la Prusse, et l'Angleterre surtout, étendent leur protection sur les protestants en particulier, mais en général sur tous ceux qui s'adressent à elles. J'ai vu à Beyrouth des Maronites lésés dans leurs intérêts, après s'être vainement adressés à notre consul général (c'était en 1853), avoir recours au consul anglais; celui-ci, mieux inspiré, remuait ciel et terre pour leur donner satisfaction et leur faire apprendre le chemin de sa chancellerie. Quant à la Russie, on sait avec quel zèle elle prend en main la cause des Grecs : c'était au point qu'un grand nombre, à ma connaissance, redoutaient un patronage si empressé, qui, souvent utile, quelquefois gênant, pouvait à leur avis, devenir avec le temps inquiétant et dangereux. En attendant, Saint-Pétersbourg envoyait de l'argent et des décorations pour les prêtres grecs, et prétendait intervenir dans l'élection du patriarche de Jérusalem. Quant aux personnes les plus capables de juger sur les lieux la question, elles s'accordaient à trouver des plus sombres l'avenir des catholiques en Judée, et j'entendis à cette époque Mgr Valerga et M. Botta, ne pas espérer pour eux plus d'un demi-siècle d'existence. Il était donc temps que l'Occident se levât.

Aujourd'hui, sans doute, les projets de la Russie sont ajournés pour longtemps ou même abandonnés; son influence est abattue, et par conséquent la marche envahissante des Grecs ralentie, tandis que de glorieux combats, mettant hors ligne le nom de la France, ont ravivé dans les esprits le souvenir de sa puissance : mais il faudrait que son bras se fît sentir partout, qu'elle prît partout en main la cause de la faiblesse et de la justice en faisant respecter les traités.

Il me reste à dire, dans l'état actuel des choses,

quelle est la part de chacun au Saint Sépulcre; puis ensuite ce que nous devrions avoir et ce que les traités nous donnent le droit de réclamer.

Il est aujourd'hui des parties du temple qui appartiennent exclusivement à un culte, et d'autres dont chacun n'a la jouissance que concurremment avec ses adversaires.

Les parties appartenant en propre aux Latins sont, outre le petit couvent qui touche à l'église, la chapelle de l'Apparition, d'où nous sommes partis pour suivre la procession des religieux, une moitié du calvaire, la chapelle de Notre-Dame-des-Douleurs et celle de l'Invention de la Sainte-Croix. Nous partageons la jouissance de la pierre de l'Onction et du Saint Sépulcre qui est ouvert à toutes les communions.

Les Grecs sont maîtres absolus de la nef. Elle est très-richement ornée de peintures, de dorures et de sculptures : leur sanctuaire, conformément au rite grec, est séparé des assistants par une cloison percée de portes que l'on nomme *templon.* Ils ont encore exclusivement une moitié du Calvaire avec un petit couvent qui en dépend.

La chapelle propre aux Arméniens est celle de Sainte-Hélène. Les Coptes ont derrière le Saint

Sépulcre un autel misérable, enfermé dans une sorte de grande armoire en planches mal jointes.

Les Abyssins possèdent la chapelle de Saint-Longin et celle de l'Impropère qui se ressentent de la profonde misère où ils vivent.

Le tombeau de Joseph d'Arimathie appartient aux Syriens.

Lorsqu'en 1621 Deshayes, ambassadeur de Louis XIII, vint en Palestine, on comptait encore parmi les cultes représentés au Saint Sépulcre les Géorgiens et les Maronites. Les premiers ont depuis été absorbés par les Grecs, qui ont recueilli leur héritage; les seconds n'existent plus à Jérusalem : Nazareth est la ville la plus méridionale où on les rencontre.

Quand il s'agit de droits à la propriété des Lieux Saints, on peut dire que les nôtres sont aussi incontestables qu'étendus. Bâtis par nos pères, occupés longtemps par nos religieux, ces sanctuaires vénérés, tant à l'intérieur qu'à l'extérieur de l'église et même de la ville, devraient, ce semble, nous appartenir, nous pourrions les réclamer tous avec justice, et les communions dissidentes n'y devraient officier ou prier qu'à titre de faveur. Il en fut dans un temps partout ainsi; il en serait encore aujourd'hui de même, sans les empiétements successifs de nos adversaires.

Malgré ces droits que nous pourrions peut-être faire valoir, nous restreignons aujourd'hui nos demandes à ce que les capitulations confirmées par des traités, ont reconnu plusieurs fois comme notre propriété. Négligeant donc les lieux qui nous furent enlevés avant ces capitulations, tels que l'église du mont des Oliviers, la maison de Pilate, la prison de saint Pierre, la moitié du Calvaire, le couvent et l'église du mont Sion, voici les sanctuaires sur lesquels nous avons un droit plus inattaquable.

Le plus saint, et par conséquent le plus regretté de ces sanctuaires, est, sans contredit, le *Saint Sépulcre*.

Jusqu'en 1808 il nous appartint; mais dans la nuit du 11 au 12 octobre, le feu prit dans la chapelle des Arméniens; ses progrès furent si rapides que bientôt il menaça la grande coupole. Les pompes et les autres instruments nécessaires pour combattre l'élément dévastateur manquaient; malgré le courage et le zèle des chrétiens, il enveloppa le Saint Sépulcre dans un cercle de feu: le plomb qui recouvre l'édifice tombait à terre en ruisseaux brûlants; les poutres, les colonnes, les murs s'écroulaient avec fracas. On désespérait de sauver le saint tombeau; heureusement, et comme par miracle, quand après plusieurs heures de ravages le feu se fut calmé, on reconnut qu'il était à peine endommagé[1].

Quand le danger fut passé, les divers partis s'accusèrent avec acharnement. Il est difficile de savoir ce que peuvent avoir de vrai ces accusations passionnées; ce qu'il y a de certain, c'est qu'on ne peut raisonnablement soupçonner les catholiques de ce crime; car eux seuls n'avaient rien à y gagner; bien plus, eux seuls devaient y perdre. On comprend, au contraire, l'intérêt des Grecs et des Arméniens; ils savaient que les Latins étaient, faute de ressources, dans l'impossibilité de reconstruire les parties détruites de l'église, et qu'à leur défaut, ils obtiendraient facilement l'autorisation de la rebâtir, et acquerraient ainsi des droits sur cet édifice et ce qu'il renferme, en vertu de la législation turque qui reconnaît pour propriétaire d'un bâtiment celui qui l'a construit ou réparé. L'événement pourtant ne justifiait qu'en partie leur attente, puisque le saint tombeau restait intact au milieu des flammes:

1. Le P. de Geramb.

ils n'auraient donc acquis dessus aucun droit s'ils n'avaient avec le marteau continué l'œuvre du feu. Le gracieux édicule des croisés tomba sous les coups de ces vandales pour faire place au monument sans goût que l'on voit aujourd'hui.

Ils ont pris soin de le couvrir d'inscriptions grecques, selon leur habitude, afin d'en tirer plus tard de nouvelles inductions en leur faveur. Heureusement ces travaux, qui s'élevèrent, dit-on, à la somme de cinq millions de francs environ, ne produisirent pas encore tout l'effet qu'on s'en promettait, grâce à la déclaration qu'obtint, en 1811, M. de Latour-Maubourg, constatant que le travail des Grecs laissait intacts les droits des catholiques.

Du reste, quoique ce mode d'envahissement ne leur ait pas complétement réussi, il leur a paru pourtant assez bon pour qu'ils y aient encore recours; aujourd'hui donc, ils enlèvent, la nuit, le plomb qui couvre la grande coupole, qu'ils prétendent aussi leur appartenir ainsi que la partie de l'église qu'elle couvre; la pluie tombe sur le Saint Sépulcre, les dégâts augmentent chaque jour; et ils espèrent obtenir l'autorisation de faire les réparations nécessaires pour s'en former un nouveau titre.

Dans l'état actuel des choses, on nous mesure, comme on l'a vu, le temps des offices au Saint Sépulcre que nous possédions seuls, et ce sont les Grecs usurpateurs qui nous dictent des conditions, dans le temple où ils ne devraient entrer que sous notre bon plaisir.

Passons à la *pierre de l'Onction*; là les Grecs et les Arméniens ayant obtenu la permission de placer des lampes et des chandeliers, s'en sont fait un titre de co-propriété, preuve de l'importance qu'ont, en Turquie, ces actes extérieurs, et du danger qu'il y a à les tolérer.

Près de là, ils ont profité de la reconstruction de l'église pour masquer les tombes de Godefroi de Bouillon, de Baudouin son frère, de Philippe Ier, roi d'Espagne, et de Philippe, duc de Bourgogne.

Voilà ce que nous avons perdu dans l'intérieur du temple. Au dehors, ils nous ont pris le tombeau de la Sainte Vierge : nous le possédions de temps immémorial; à chaque tentative des Grecs, pour s'en emparer, correspondait une confirmation de notre droit. En 1666, sur la réclamation de M. de La Haie, un firman constate la malice et les mensonges des Grecs qui prétendaient que les religieux avaient vendu au pape le corps de la Sainte Vierge.

En 1757, sur la demande de M. de Vergennes, les catholiques y font faire des réparations. De tous les écrivains qui parlent de la Terre Sainte, aucun ne révoque en doute nos droits, et pourtant aujourd'hui, pendant que tous, même les Turcs, y ont un lieu de prière, seuls nous en sommes complétement exclus !

C'est que le mensonge ne combat pas le mensonge ; l'erreur est tolérante pour l'erreur ; son royaume n'est pas divisé, la vérité seule lui fait ombrage; contre elle seule elle réunit toutes ses forces. Je ne voudrais pas d'autres preuves de la vérité du catholicisme que cette haine de toutes les hérésies, qui, vivant ensemble en bonne harmonie, comme les filles d'un même père, n'ont de colères que pour lui. C'est là le signe qui les distingue, et il y a longtemps que Tertullien l'a reconnu sur leur front : « Elles sont, dit-il, indistinctement en paix avec tout le monde; que leur importe la différence des opinions, pourvu qu'ensemble elles conspirent la ruine de la vérité ! »

A Beitléhem, nous sommes également exclus de la grande église bâtie par sainte Hélène. Des firmans nombreux nous en reconnaissaient la propriété; mais, en 1634, l'argent des Grecs gagna Daoud, pacha de Damas, dont la juridiction s'étendait alors sur la Judée : une fois armés de faux titres, ils purent facilement, après des échecs passagers, rester en possession de cette magnifique basilique. Ils n'avaient pas même l'excuse de la nécessité, car, trop peu nombreux pour l'occuper dans une ville dont presque toute la population est catholique, ils n'en ont réservé qu'une partie du chœur; tout le reste, séparé par un mur, sert de bazar et de promenade publique. A cette usurpation, ils ont ajouté celle de terrains voisins, et aujourd'hui, sans même se donner la peine d'alléguer de motifs, sans s'autoriser de firmans en leur faveur, et sans autre argument que la force, ils empêchent nos religieux de célébrer plus de deux messes à la chapelle souterraine ou grotte de la Nativité, dans laquelle ils n'entraient jadis que par pure tolérance de notre part.

Profitant de notre séjour à Beitléhem, nous voulions, mes compagnons et moi, interrompre cette tyrannie passée en usage; l'entreprise n'offrait pas beaucoup de difficultés : l'un de nous, en sentinelle à l'entrée de la grotte, aurait suffisamment protégé la célébration de toutes les messes qu'on aurait trouvé bon de dire; mais les religieux nous prièrent de n'en rien faire, certains qu'ils étaient qu'après notre départ, ils expieraient, par des violences et de mauvais traitements, ce triomphe éphémère.

Naguère, on peut se le rappeler, les Grecs se préparaient à usurper complétement cette grotte de la Nativité.

C'est pour arriver à ce but, qu'ils dérobèrent l'étoile d'argent incrustée sous l'autel. Mais, mal inspirés cette fois, ils eurent l'impudence maladroite de nous en accuser, comme si une pareille accusation était croyable; comme si cette étoile, avec son inscription latine, n'était pas un titre en notre faveur, titre que nous avions, par conséquent, tout intérêt à laisser subsister! Ils avaient oublié cet adage de droit : *Is fecit cui prodest.* L'auteur d'un fait est sans doute celui qui doit en profiter. Aussi la grossièreté de la trame ourdie contre nous tourna cette fois contre ses auteurs, et l'étoile a été replacée.

Voilà le bilan de nos pertes.

On le voit, le mensonge et la corruption sont la base ordinaire des prétendus droits des Grecs, et sans doute ces moyens odieux ne leur serviraient pas longtemps, si l'on prenait la peine de regarder de près cette question qu'on croit à tort être très-embrouillée.

VII

Les différentes communions de Jérusalem.

L'Église catholique est représentée à Jérusalem par un clergé séculier, à la tête duquel est un homme du plus grand mérite, le patriarche, Mgr Valerga.

Mgr Valerga est Piémontais par la naissance, mais Français par le cœur ; il est encore dans toute la force de l'âge : je ne sais s'il a plus de quarante ans. Son extérieur est fait pour inspirer le respect, et ce n'est pas un petit mérite chez un peuple aussi amoureux de la forme, aussi facile à séduire par les dehors, que l'est le peuple arabe. « Allons entendre *le père de la barbe* », disent-ils dans leur langage figuré, et ils se pressent pour écouter ses instructions paternelles.

Mgr Valerga a un autre mérite plus réel : c'est de connaître mieux que personne l'Orient et les peuples auxquels il s'adresse ; longtemps il a parcouru, armé de la croix du missionnaire, les pays qu'arrosent le Tigre et l'Euphrate, et il possède à fond les langues qu'on y parle.

C'est donc un heureux choix que fit notre saint-père le pape, lorsqu'en 1849 il songea à relever le siége patriarcal de Jérusalem; il était vacant depuis environ cinq cents ans; le dernier patriarche était mort englouti dans les eaux de Ptolémaïs, avec le vaisseau sur lequel il s'était réfugié pour échapper aux musulmans victorieux.

Dans un troupeau si longtemps sans pasteur que de ravages à réparer! que de temps, que de peines sont nécessaires pour le réunir de nouveau! Il n'y faut pas espérer des consolations, il faut semer dans les larmes, sans compter sur la moisson, car de longues années s'écouleront encore avant qu'elle soit mûre; il faut un homme de dévouement et de courage persévérant : heureusement Mgr Valerga est cet homme.

A son arrivée dans cette terre depuis longtemps sans culture, son premier soin fut de chercher des ouvriers pour l'aider à la féconder. Presque tous ses collaborateurs sont Français; peu nombreux, il est vrai; mais qu'importe? le zèle ne tient-il pas lieu de tout?

Pour leur venir en aide et assurer l'avenir,

Mgr Valerga a fondé récemment un petit séminaire.

Jadis, on était obligé d'envoyer bien loin, à Gazir, au fond du Liban, dans le collége des Jésuites, les enfants auxquels on croyait reconnaître quelque vocation pour le sacerdoce. Aujourd'hui, sous les yeux de leur évêque, dans son palais, — un bien modeste palais, — sous la direction de son frère don Léonardo, sont réunis une vingtaine de jeunes Arabes. Quel bien ne peut-on pas espérer d'un clergé indigène ? Dans quelques années, quelle influence n'auront pas sur les habitants du pays ces apôtres sortis du milieu d'eux ?

Jusqu'ici les résultats sont très-satisfaisants. J'ai vu de près ces jeunes séminaristes, et j'ai constaté avec bonheur que déjà l'éducation religieuse avait opéré d'heureux changements dans ces natures ordinairement si incultes ; en revêtant la petite soutane violette, ils semblent revêtir un esprit nouveau, et leur maintien, sans exclure la gaieté, est empreint d'une gravité convenable.

Leurs progrès sont rapides : j'ai eu la bonne fortune d'assister à leur distribution des prix : tour à tour nous entendîmes des dissertations en français, en italien, en arabe ; on y citait, avec à-propos, nos meilleurs auteurs, et on les jugeait avec une justesse d'appréciation qui m'étonnait. Vint ensuite le tour de la poésie : c'étaient des élégies latines, des *canzoni* italiennes, des hymnes en l'honneur de la France. La séance fut terminée par des chants et par la distribution des récompenses méritées.

A la vue de ces jeunes lévites si bien disposés, l'espoir est donc permis. Qu'on ne se fasse pas illusion cependant, on rencontrera un obstacle qu'il ne faut pas se dissimuler : c'est la répugnance extraordinaire qu'éprouvent les Arabes pour le célibat.

A côté du patriarche et de son clergé sont les Franciscains, qu'on nomme à Jérusalem les *Pères de Terre Sainte.* Outre le couvent de Casa-Nova où ils reçoivent les étrangers, ils ont encore celui de Saint-Sauveur.

Il est beaucoup plus grand. Un nombre immense de corridors, d'escaliers, de passages, en font un vrai labyrinthe. Le motif en est dans l'intolérance des musulmans : ne pouvant obtenir autrefois la permission de bâtir ostensiblement en proportion de leurs besoins, les pauvres religieux étaient obligés de bâtir en secret dans l'intérieur de leur couvent, et par conséquent de juxtaposer et de superposer des constructions sur d'autres constructions, auxquelles ils cherchaient à les relier comme ils pouvaient.

Le couvent de Saint-Sauveur est curieux à observer : c'est une petite ville, qui sait se suffire à elle-même; les bons religieux peuvent, sans sortir de chez eux, se procurer tout ce qui est nécessaire à la vie.

A l'automne surtout, lorsqu'on amasse les provisions d'hiver, c'est une véritable ruche. Ici, des Arabes écrasent sous leurs pieds des tas de raisin doré que d'autres apportent dans des corbeilles; le jus coule en ruisseaux sur les dalles inclinées : ce raisin, superbe et délicieux, ne produira pourtant, sans doute faute de talent, qu'un vin épais qui m'a paru détestable. Ailleurs, c'est l'olive qu'on broie; ou bien une meule, mise en mouvement par un mulet, change en farine le beau blé de Saron. Dans une autre partie du couvent est le magasin aux chapelets, aux écailles de nacre sculptées à Beitléhem; enfin on trouve aussi une école qui réunit cent vingt enfants, une imprimerie et quelques ateliers où les jeunes Arabes peuvent venir apprendre un métier, qui les mette à l'abri de la faim et surtout de l'oisiveté.

Ils ont de grandes dispositions : malheureusement ils oublient aussi vite qu'ils apprennent, et les Franciscains, en qualité d'Italiens et d'Espagnols qu'ils sont tous, n'ont pas ce feu sacré qui serait nécessaire pour triompher de natures aussi légères.

Ah! que leurs couvents sont loin de déployer le zèle et la persévérance qu'on admire dans les couvents français des Jésuites ou des Lazaristes!

Envoyés par leurs supérieurs pour quelques années seulement, ils ne jettent pas dans ces pays de profondes racines; ils n'en apprennent pas du tout ou pas assez le langage; ils ne semblent y être qu'en passant; ils disent volontiers avec le psalmiste : *Non habemus hic manentem civitatem, sed aliam inquirimus.* C'est qu'en effet ils n'ont pas dit à la patrie un éternel adieu. Quand le temps de leur séjour en Terre Sainte sera expiré, ils auront gagné, avec un titre parmi leurs frères, le droit de choisir, pour y finir leurs jours, entre tous les couvents de leur ordre; c'est vers cet avenir, qui les distrait un peu du présent, que trop souvent ils tournent leurs regards.

Malgré ces imperfections et l'apathie naturelle aux peuples du Midi, dont il faut tenir compte, ils font le bien; mais malheureusement, trop souvent, ils le font à côté du patriarche et non avec lui.

C'est le lieu de dire quelques mots des légers nuages qui se sont élevés entre ces deux colonnes du catholicisme en Palestine ; nuages qui partout ailleurs peut-être eussent passé inaperçus, mais que l'on ne saurait trop déplorer dans un pays où l'on se trouve en présence de l'ennemi, et où l'union peut seule assurer la victoire.

Pendant plusieurs siècles, nous l'avons dit, le siége patriarcal de Jérusalem fut vacant.

Les religieux franciscains, sous le nom de Pères de Terre Sainte, étaient alors les seuls représentants du catholicisme en Orient, et leur supérieur était, sous le titre de Révérendissime Gardien de Terre Sainte, le seul chef spirituel de tous les Latins. Ils recueillaient les dons faits aux églises de Palestine et en disposaient ; les frais du culte étaient à leur charge, et, pour y subvenir, ils touchaient les revenus de quelques biens affectés au Saint-Sépulcre[1].

Quand, après un long temps, le saint-père crut devoir rétablir le siége patriarcal de Jérusalem, les bons religieux ne purent voir, sans un léger

1. Un conseil nommé *discrétoire* était chargé de l'administration. Il était composé du Révérendissime Gardien, du Vicaire-général, du Procureur-général, du curé et de trois pères *discrets*.

chagrin, un chef spirituel, autre que leur supérieur, venir prendre en main l'autorité qui lui appartenait, mais qu'un long usage les avait habitués à regarder comme leur patrimoine; ils ne purent se résigner que difficilement à renoncer à une position acquise par plusieurs siècles de luttes, et au prix de leur sang, et, jusqu'à ce que le pape prononce, ils ne croient pas devoir remettre entre les mains du nouveau patriarche les deniers donnés cependant pour subvenir aux besoins de son diocèse.

Sans argent que peut-il faire? Comment soutenir son séminaire? Comment supporter, avec les insuffisantes subventions que lui envoie l'œuvre de la Propagation de la Foi, les charges qu'impose l'administration d'un pays immense, pauvre et longtemps abandonné?

On comprend quels peuvent être les griefs du patriarche. De leur côté, les partisans des religieux répondent qu'il faut leur tenir compte de ce que pendant cinq siècles, ils ont constamment été sur la brèche; qu'alors ils y étaient seuls; que sans eux c'en était fait de la religion; que le patriarche aurait peut-être dû à de si longs et si généreux services de choisir parmi eux ses conseillers et ses collaborateurs; enfin, que rien ne leur fait un devoir de lui remettre le produit des aumônes qu'on leur confie, ou des quêtes qu'ils ont faites.

C'est ainsi que les partisans du patriarche et ceux des religieux allèguent de part et d'autre de bonnes raisons; on discute longuement, sans se convaincre ; Rome seule peut terminer, par sa parole respectée, ces funestes différends.

Du reste, quand il s'agit de différends entre gens animés de sentiments également bons et d'intentions également pures, ils ne sauraient exister qu'à la surface; c'est ainsi que Mgr Valerga n'a pas d'autre église que la chapelle du couvent de Saint-Sauveur ; c'est là qu'il officie quand il ne va pas au Saint Sépulcre.

J'y ai vu, avec bonheur, plusieurs belles cérémonies. Que Mgr le patriarche était majestueux, avec ses amples vêtements sacerdotaux, son long manteau de soie violette traînant loin derrière lui, et sa crosse fleurdelisée, surmontée de la statue de saint Louis! Tout autour de lui, et jusque sur les marches de l'autel, soit qu'il officiât, soit qu'il parlât, les Arabes étaient assis à terre, les jambes croisées, dans l'attitude d'une religieuse attention.

J'aime ce désordre; la poésie me paraît y gagner ce que la pompe peut y perdre ; on reconnaît des fils aux pieds du père qui les console et les instruit.

Quand on parle des ouvriers zélés qui vont féconder, de leurs sueurs, la vigne du père de famille, comment passerait-on sous silence les bonnes sœurs de Saint-Joseph? Depuis 1848, elles se consacrent au soin des pauvres et des malades, et surtout à l'éducation des jeunes filles, c'est assez dire le bien qu'elles font. L'enfance est l'espoir de l'avenir, c'est d'elle seule qu'on peut espérer la régénération du pays ; on le comprendra mieux encore, quand je dirai les difficultés qui entourent la conversion des adultes.

Tous ceux qui ont été à Jérusalem connaissent la sœur Émilie, leur supérieure ; son amabilité, sa bonté égalent sa prudence et son tact exquis, elle sait se faire aimer et respecter tout à la fois.

Du reste, son rare mérite n'est pas de trop ; ces pauvres sœurs ont à surmonter tant de difficultés ! Que de peines sont nécessaires pour dompter ces petites natures rebelles ! Tout frein leur est odieux, tout travail leur répugne : errer à l'aventure est leur suprême bonheur : c'est ce qui fait que les sœurs n'ont que six internes et soixante-dix externes dont la moitié manquent ordinairement à l'appel.

Elles ont une intelligence extraordinaire : je me rappelle avoir vu une petite Arabe de cinq ans parler, outre sa langue maternelle, le français et l'italien, et redire, avec une lucidité surprenante, l'explication qu'on lui avait donnée du mystère de la Sainte Trinité. Mais, comme chez les jeunes garçons, leur esprit léger oublie vite; ces éclairs d'intelligence ne brillent qu'un instant. Bientôt un penchant terrible pour l'oisiveté étouffe leurs bonnes dispositions, et leur frivolité détruit sans retour les espérances qu'on avait pu concevoir. D'ailleurs, dès l'âge de huit à dix ans, elles sont enlevées aux sœurs pour être fiancées, voilées, mariées bientôt après; elles conservent, sans doute, quelque chose des bons principes qu'on a tâché de développer en elles, mais elles oublient, la plupart, jusqu'au chemin de la maison où elles furent élevées.

Il n'y a pas dans l'école des sœurs de musulmanes, mais on y compte des hérétiques et des schismatiques : leur temps se partage entre la lecture, l'écriture, le calcul, l'étude du français ou de l'italien, et les ouvrages à l'aiguille.

Pendant que deux ou trois sœurs de Saint-

Joseph s'adonnent à une tâche ingrate auprès de ces jeunes enfants, une autre se charge de secourir les malades dans un petit hôpital bien humble, où le zèle est ce qui manque le moins. Catholiques, Turcs, Juifs, schismatiques, indistinctement y trouvent toujours un asile tout prêt à abriter leurs misères.

Avec non moins de zèle, et aussi peu d'argent, une conférence de Saint-Vincent-de-Paul, prend aussi à côté des sœurs sa part de souffrances à soulager. C'est un Français, M. Lequeux, homme aimable et religieux, chancelier de notre consulat, qui est, avec Mgr Valerga, l'âme de cette petite société.

Enfin je ne finirai pas cette énumération des institutions catholiques à Jérusalem, sans parler des chevaliers du Saint-Sépulcre.

Cet ordre, ancien déjà, a pour but de récompenser les services rendus à la cause des Lieux Saints par paroles, écrits, aumônes ou tout autre manière.

Voici le récit d'une réception de chevaliers à laquelle j'assistai.

Après la messe dite au Calvaire, à laquelle les récipiendaires ont communié, le patriarche suivi du clergé, des religieux, des assistants, s'est rendu à la chapelle de l'Apparition. On chassa les profanes qu'attirait un air de fête inaccoutumé; puis quand les portes furent fermées, et après le chant du *Veni Creator*, le patriarche, assis sur son trône, le dos tourné à l'autel, demanda à chaque récipiendaire, en latin, s'il était de noble extraction, dévoué à la cause du Saint Sépulcre, prêt à le défendre envers et contre tous; après cet interrogatoire, auquel chacun répondit affirmativement, on lut le catalogue assez long des devoirs que promettaient de remplir les nouveaux chevaliers, et des vertus qu'ils s'engagaient à pratiquer.

Dans un coffre bardé de fer, on conserve, loin des regards des Grecs, l'épée et les éperons de Godefroy de Bouillon; on tira de la poussière ces vénérables reliques pour en ceindre et en chausser les futurs chevaliers. Ah! que cette épée est lourde pour un bras du XIXe siècle, et que notre époque gagne peu à voir sa lâcheté rapprochée de la générosité du moyen âge!

L'accolade termina la cérémonie, après laquelle le patriarche regagna son palais en saluant indistinctement Turcs et chrétiens, et en jetant quelque menue monnaie à la foule qui se pressait sur ses pas.

Jusqu'à présent j'ai parlé des pasteurs, je n'ai rien dit du troupeau. Pauvre troupeau, hélas! dans lequel l'éclat des vertus indemnise trop rarement du petit nombre des fidèles.

L'argent est le Dieu de la plupart, et l'intérêt leur guide unique, défaut qu'ils partagent du reste avec leurs adversaires. Pour une somme modique, on les voit passer en un an par tous les cultes qui se partagent la ville; l'apostasie est leur gagne-pain, c'est la menace qu'ils ont sans cesse sur les lèvres; passe encore quand un seul individu se sert de cette arme, mais l'abus devient intolérable quand c'est une ville entière.

C'est ce que firent pourtant les Beitléhémites.

Frappés d'un impôt nouveau, ils trouvèrent ingénieux de le faire payer par le patriarche: « Monseigneur, lui dirent leurs envoyés, si vous ne payez pour nous l'impôt, nous nous ferons tous schismatiques. » On pense bien que le patriarche ne paya pas; les Beitléhémites ne mirent pas à exécution leur menace, mais il faut leur rendre cette justice, que s'ils sont restés catholiques, ils sont de bien mauvais catholiques [1].

1. Dans le dénombrement de la famille latine, il ne faut pas oublier quelques Grecs-unis ou *Melkites*. On les nomme ainsi du mot *melk* (impérial), parce que soumis au concile de Chal-

S'il y a des consciences qui se vendent, c'est probablement qu'il se trouve des acheteurs.

En effet, il existe un honteux trafic de convictions religieuses. Les protestants — car il y en a depuis 1841 à Jérusalem — ont la palme en ce genre : grâce à l'argent qu'ils reçoivent d'Angleterre, ils payent si largement que personne n'ose surenchérir. Malgré cet avantage incontestable, ils n'ont que peu d'adeptes, puisque M. Boré n'en comptait pas plus de quarante-deux en 1848. Le protestantisme, ce froid enfant du Nord, ne saurait séduire l'imagination des Arabes ; chose étonnante, les musulmans le rejettent à cause de son mépris pour la Sainte Vierge ; car ils vénèrent beaucoup *madame* Marie, *sitti Mariam*, et pour eux, protestant est synonyme d'homme sans religion, c'est-à-dire d'homme qu'ils méprisent. « Ils ont toujours, disent les Arabes, une bible dans la poche, et une couleuvre dans le cœur[1]. »

S'ils ont peu de succès auprès des Musulmans, comment en auraient-ils plus auprès des chrétiens ?

cédoine et au décret impérial qui le sanctionnait, ils ont toujours refusé de se séparer de la communion catholique pour suivre le parti du schisme et de l'erreur. Malgré leur très-petit nombre, ils ont depuis 1848 un patriarche à Jérusalem.

1. Famin, *Des églises chrétiennes en Orient.*

Tout ce qu'ils dénoncent comme erreur, interpolation des écrivains sacrés ou invention de Satan, se retrouve ici dans la mémoire des hommes, comme autant de traditions apostoliques, descendues jusqu'à nous sans interruption de génération en génération. Latins, Grecs, Arméniens, Coptes, tous s'accordent sur ce point ; tous pratiquent la confession, le jeûne, l'abstinence, le carême ; tous croient à la présence réelle de Jésus-Christ dans l'Eucharistie[1], et cet accord de cultes divers et rivaux, d'une antiquité remarquable, dans ces pays de tradition, sur les points essentiels de notre religion sainte, sont la meilleure preuve que ce n'est pas nous qui avons innové.

Pour être peu nombreux, le troupeau protestant n'en est pas plus choisi ; souvent, sans être bien exigeants, les pasteurs sont forcés de rejeter hors du bercail des boucs trop turbulents, et un ministre d'Angleterre me paraît leur avoir rendu justice, en disant que ses confrères de Jérusalem pêchaient avec des hameçons d'or des poissons pourris. Les ressources ne leur manquent pourtant pas : ils ont à Jérusalem un évêque, plusieurs ministres, une école, et un hôpital exclusivement

1. Famin.

réservé aux Juifs des deux sexes : On y compte trente lits et les salles y sont tenues avec une propreté rare à Jérusalem et chez les Juifs surtout. Enfin sur le mont Sion, sur l'emplacement du palais d'Hérode, ils ont élevé un temple dont la froide façade de plâtre forme un contraste odieux avec la ville qu'elle domine.

En somme, à Jérusalem, et je crois qu'on pourrait en dire autant de tout l'Orient, on ne prend au sérieux que les catholiques, je parle de ceux qui ont des convictions solides; on ne passe pas souvent, il est vrai, dans leurs rangs, mais ceci tient à d'autres motifs.

Sans compter qu'ils ne peuvent, ni surtout ne veulent pas recourir à la corruption, les conversions ne sauraient qu'être très-rares chez les musulmans, parce qu'ils sont fort attachés à leur facile religion ; puis ils craignent à bon droit le fanatisme de leurs parents, même les plus proches; le poignard est toujours un peu levé contre les néophytes, et quelquefois pour se convertir, il faut s'expatrier.

Quant aux schismatiques, l'endurcissement, l'intérêt, l'ignorance, la ruse, les menaces même, les tiennent enchaînés à l'erreur.

De quelque côté qu'on tourne ses regards, il y

a donc peu à espérer des adultes ; c'est aux générations nouvelles qu'il faut s'adresser ; c'est de l'enfance que viendront les consolations pour l'Église ; et pour le pays, le salut.

L'administration civile chez les Latins est fort simple ; ils ont leurs tribunaux propres, qui jugent les procès en matière civile, sauf recours aux tribunaux ottomans ; et il en est de même au criminel, quand il ne s'agit que d'un simple délit.

L'équité du patriarche amène devant lui une foule de plaideurs : les étrangers eux-mêmes le prennent souvent pour arbitre; son caractère bien connu donne une grande force à ses décisions. « C'est un juge souverain dont les arrêts ne craignent aucune cassation ; mais c'est aussi un juge conciliant, et qui trouve souvent le moyen de renvoyer les deux plaideurs contents[1]. »

La Porte se fait représenter auprès de la population latine par des délégués, mais c'est à peine si l'on se doute de leur existence. On a plus souvent recours au consul de France ; c'est lui qui est regardé comme le protecteur de tous les catholiques de Jérusalem , c'est par ses mains que passent toujours et leurs plaintes et leurs demandes.

1. L. Énault, *La Terre Sainte.*

Les plus redoutables adversaires du catholicisme à Jérusalem sont les Grecs. Leur astuce, leurs intrigues, leur perfidie, leurs violences, les font craindre à tel point, qu'à peine ose-t-on s'opposer à leurs injustes prétentions. C'est que leurs richesses, fruit d'un commerce intelligent, leur donnent le droit de tout faire, parce qu'elles leur donnent la facilité de tout acheter. On n'a pas oublié sans doute, qu'à Jérusalem l'argent sert de bouclier pour repousser les coups les plus menaçants, et de pierre angulaire à l'édifice religieux.

Grâce à cet instrument puissant, la Porte, toujours prévenue contre les Latins, incline visiblement pour les Grecs. « Ce n'est pas, dit M. Ubicini, qu'elle se fasse illusion sur les protestations de zèle de ces derniers. Elle sait qu'elle n'a pas d'auxiliaires plus dévoués que les catholiques, tandis que les orthodoxes[1] sont toujours prêts à entrer dans tous les complots.... Mais ici, comme dans beaucoup de circonstances, la Porte écoute plutôt ses préventions que ses intérêts[2]. »

Le schisme grec remonte à Photius (IXe siècle).

1. Tel est le titre pompeux que se décernent les Grecs schismatiques.

2. Ubicini.

Cependant les ferments de division existaient déjà depuis longtemps : ils avaient leur raison d'être dans l'antagonisme éternel des deux races grecque et latine; dans la lutte de l'Orient contre l'Occident; dans la rivalité invétérée de l'Église de Constantinople contre celle de Rome.

Constantinople, la nouvelle Rome, aspirait depuis qu'elle était devenue le siége de l'empire, à étendre à l'ordre spirituel la primauté dont elle jouissait dans l'ordre temporel[1]; l'ambitieux et astucieux Photius s'empara de ces éléments de jalousie pour préparer le schisme qui ne fut consommé que plus tard, sous le patriarcat de Michel Cerulaire (XIe siècle).

Le concile de Florence était parvenu pourtant, à opérer la réunion des deux Églises; l'intérêt et les passions mauvaises de quelques évêques opposants empêchèrent seuls, que cette union qui existait en principe ne passât dans les faits[2], et bientôt la po-

1. Jager, *Histoire de Photius.*

2. On peut voir du reste, en étudiant les points de division des deux Églises, que rien d'important ne s'oppose à cette réunion, admise en principe par le concile.

En effet les Grecs nient : 1° la *suprématie du pape*, et cependant ils admettent dans les Évangiles toutes les expressions qui l'établissent, et dans les Pères de l'Église d'Orient toutes celles qui la reconnaissent; bien plus, l'idée de cette

litique des musulmans vainqueurs, qui tendaient à isoler de l'Occident leurs nouveaux sujets, vint donner au schisme des racines nouvelles.

L'exemple de révolte donné par l'Église grec-

suprématie « se conserve et se proclame solennellement jusque aujourd'hui dans tous les cantiques sacrés de cette même Église de Constantinople, bien que son clergé, contrairement à toute évidence, prétende ne pas la reconnaître. » (Pitzipios, *De l'Église orientale.*)

2° La seconde dissidence est la *procession du Saint-Esprit :* or, cette dissidence n'a jamais existé dans le dogme, mais dans l'appréciation de l'opportunité ou de l'inopportunité qu'il pouvait y avoir à ajouter les mots *Filioque*, au Symbole de Nicée.

En voici la preuve : à l'origine, personne n'élevant de doute sur la procession du Saint-Esprit soit du Père soit du Fils, le concile de Nicée s'était contenté d'inscrire sans développement, dans le Symbole qu'il composa, cette déclaration : *Nous croyons au Saint-Esprit.*

Mais vers la fin du IVe siècle l'hérésiarque Macédonius ayant nié que le Saint-Esprit procédât du Père, le concile de Constantinople, en 381, condamna cette hérésie et ajouta au Symbole : *qui procède du Père.*

Enfin, vers le milieu du Ve siècle, les Sabelliens et les Priscillianistes, ayant, tout au contraire, enseigné en Espagne, que le Saint-Esprit ne procédait que du Père puisque le Symbole ne parlait pas du Fils, les évêques réunis en concile local à Tolède sur l'ordre du pape, ajoutèrent, pour éclairer les peuples auxquels s'adressaient les nouveaux hérétiques, les mots *Filioque.* Cette addition explicative passa en France et en Allemagne, et si l'Église d'Orient ne l'inséra pas dans le Symbole, ce fut parce qu'elle n'était pas nécessaire pour prémunir contre l'erreur les peuples de l'Orient, mais sans que pour cela la procession du Saint-Esprit fût un instant mise en doute. (Pitzipios.)

3° Le clergé grec n'admet pas le *purgatoire.* Pourquoi donc que tourna bientôt contre elle, plusieurs États secouèrent son joug ; la Russie, entre autres, se sépara d'elle au XVIIIe siècle. Ce fut le schisme dans le schisme ; elle ne conserva de parenté avec Constantinople qu'autant qu'il en fallait pour servir ses vues intéressées et se ménager une porte dans les affaires de l'Église mère.

dans ses cantiques, dans ses prières, dans les enterrements, laisse-t-il subsister des invocations pour le repos, le soulagement, la délivrance des âmes des morts ? Pourquoi les patriarches de Constantinople, de Jérusalem accordent-ils des indulgences pour les morts, priant Dieu « de soulager l'âme du défunt, de la délivrer des tourments qu'elle endure, de lui accorder son pardon et de l'admettre au paradis ? » Qu'ils soient au moins logiques : s'il n'y a pas de purgatoire, qu'ils ne prient pas pour la délivrance des âmes, car en enfer ils reconnaissent qu'il n'y a ni repentir ni rédemption ; s'il n'y a pas de purgatoire, qu'ils ne demandent pas au peuple d'argent pour le soulagement des âmes en souffrance.

Quant aux autres dissidences, telles que la communion avec du pain mélangé de levain, le baptême par immersion, la prêtrise des hommes mariés, l'abstinence du mercredi, la barbe que ne coupent jamais leurs prêtres, on comprend que ce ne sont pas là des différences fondamentales ; et il y a longtemps que l'œuvre d'union réalisée par le concile de Florence aurait été couronnée de succès, n'était l'ambition du haut clergé, qui élève des barrières imaginaires entre les deux Églises, excite les haines, réveille les vieilles rivalités de race, parce qu'il sait que la fin du schisme et la diffusion des lumières amèneront la fin de ce pouvoir temporel, dont les Sultans autrefois ont trouvé commode de se décharger sur lui, qu'ils ont peine à ressaisir aujourd'hui, et dont les dépositaires abusent avec tant de cruauté et de rapacité.

Le royaume de Grèce suivit plus tard le même exemple, et constitua une Église nationale sous l'autorité suprême du roi.

« Tel est, dit avec vérité M. Ubicini, le malheur de toutes les Églises qui se détachent de l'unité ; elles oscillent au gré des événements, et chaque démembrement qui s'opère en elles porte en soi le germe d'un démembrement futur. »

Voici quels sont les principaux prétextes qui s'opposent au rétablissement de cette unité si désirable.

Ce sont d'abord trois dissidences plus graves et qu'on nomme dogmatiques, à savoir : la négation de l'autorité du Pape, le refus de croire au purgatoire, et d'ajouter au Symbole de Nicée les mots *Filioque*, par lesquels l'Église fait entendre que le Saint-Esprit procède du Fils aussi bien que du Père. Les autres différences, que l'intérêt et l'ambition portent le haut clergé à multiplier à l'infini, sont surtout : l'usage de communier avec du pain mélangé de levain, de baptiser par immersion, de conférer la prêtrise à des hommes mariés, de ne pas permettre aux prêtres de couper leur barbe, de donner la sainte communion aux nouveau-nés, de ne pas faire de génuflexions : il en est une foule d'autres, dont la seule raison d'être, est le parti pris de faire précisément l'opposé de ce qui s'observe en Occident.

En formulant contre les Grecs les accusations qu'ils méritent, la justice exige que nous fassions une distinction profonde entre le clergé et les malheureux qu'il égare et qu'il trompe. Et même dans ce clergé faut-il soigneusement éviter de confondre le bas clergé, première victime de son ignorance et des intrigues de ses chefs, et le haut clergé, qui est seul coupable; ce haut clergé qui, sans aucun sentiment de sa dignité, criait naguère encore : *Amin! amin!* en l'honneur de Mahomet; qui, servilement soumis à la Porte, n'a de morgue que pour les faibles; qui vit au sein de l'opulence, tandis que le bas clergé, que le peuple qu'il rançonne, croupissent dans la misère et l'ignorance la plus honteuse.

Cette misère, soyez-en sûr, il n'y cherchera pas de remède; que lui importe? cette ignorance, il l'entretiendra certainement, car elle est la source de son influence.

Le haut clergé que nous accusons est celui que M. Pitzipios, qui le connaissait bien et dont on voudrait pouvoir citer toutes les pages, a jugé en ces termes :

« Ils (les évêques grecs) multiplièrent les impôts

soi-disant ecclésiastiques, qu'ils perçurent par la force, en faisant vendre au pauvre laboureur ses bœufs et ses semences, ou en l'enfermant pour plusieurs mois dans les prisons du gouvernement, ou en refusant la sépulture aux morts et le baptême aux nouveau-nés. »

« Ils firent acheter au peuple au poids de l'or tous les sacrements, les offices et les secours de la religion; ils défendirent aux simples prêtres (qu'ils dépouillent avec la même atrocité que le peuple) de prêter la moindre assistance de leur ministère à quelque chrétien que ce soit avant que les soi-disant droits des évêques eussent été préalablement acquittés. »

« Ils persécutèrent par la trahison et encore plus souvent par la calomnie près du gouvernement ottoman tous ceux qui avaient osé censurer leur conduite.

« De l'autre côté, ce clergé dépravé se livra entièrement à une débauche effrénée, tournant même en dérision pendant ses orgies tout ce que la religion chrétienne a de plus sacré. Il mit la discorde et le désordre dans les ménages; il enleva des femmes à leurs époux; il trompa des filles innocentes et entraîna à la prostitution, par le moyen de la religion, des veuves appartenant aux plus honnêtes familles. Il autorisa des bigamies, il divorça des époux de la manière la plus sacrilége; il mit à l'enchère les indulgences, les anathèmes, les excommunications, les pardons et tous les autres pouvoirs spirituels de l'Église, et marchanda avec des banquiers juifs la dignité épiscopale. La maison et la résidence de chaque évêque devint le lieu des plaisirs les plus impurs, et le palais du patriarcat fut réduit à un état de véritable cabaret! Enfin ce clergé commit des crimes qu'on n'oserait pas même prononcer [1] ! »

Voilà le clergé qui entrave entre les deux Églises toute tentative d'une réunion qui sans lui ne se ferait pas longtemps attendre, car le schisme, comme le dit M. Famin, « dérive bien plutôt de causes personnelles et mondaines, que de la diversité des dogmes. » C'est lui enfin dont la haine jalouse sait réveiller à tout propos contre nous, les susceptibilités de la Porte et les rivalités des autres sectes.

Et qu'on ne croie pas que ce haut clergé soit peu nombreux. Le sort qu'il s'est fait est trop beau pour n'être pas recherché, et voici un relevé

1. Pitzipios, *L'Église Orientale*.

aussi curieux qu'instructif, qui peut édifier sur ce point :

« Soit un total de 152 patriarches, métropolitains ou suffragants, pour une population d'environ 6 millions d'âmes, ou 1 pour 39474. Dans les États pontificaux, celui de tous les pays catholiques où cette même proportion est la plus élevée, elle ne dépasse pas 1 pour 44776 habitants. En France, elle est de 1 pour 430000[1] ! »

Le seul patriarche de Jérusalem, quoique le plus pauvre de tous et celui dont la juridiction est la moins étendue, compte, sans parler des archimandrites et autres dignitaires des couvents, quatorze évêques qui relèvent de son siége ; six d'entre eux résident à Jérusalem.

Presque tous ces siéges épiscopaux sont des sinécures, et l'existence des titulaires ne se révèle aux populations que par les charges qu'ils font peser sur elles.

Elles sont souvent plus lourdes que celles qu'impose l'État : souvent, c'est au gouvernement musulman, que ces malheureux Grecs sont réduits à demander de les protéger contre leurs propres pasteurs ; et souvent, tandis que le gouverne-

1. Ubicini.

ment musulman néglige de faire rentrer ses impôts, ces évêques schismatiques emploient la violence, pour forcer au payement de ceux qu'ils ont illégalement établis.

Ils ne laissent pas même leurs ouailles recueillir les fruits des réformes de l'empire ottoman. Ainsi, le tanzimat ou nouvelle organisation, si favorable aux autres raïas, n'a pas été un avantage pour les Grecs, leurs évêques ayant trouvé moyen de faire tourner au profit de leur pouvoir temporel les réformes destinées au soulagement du peuple.

Les revenus du patriarche grec de Jérusalem se composent pour partie, de la vente des siéges épiscopaux, vente voilée sous l'apparence de présents que les évêques de sa juridiction lui envoient lors de leur installation, et qu'il augmente à son gré, en multipliant les changements de siéges, au grand préjudice des populations, qu'on pressure d'autant plus. Ils se composent encore des droits de chancellerie, et de ceux qu'il prélève sur les procès.

Les revenus des évêques se grossissent à leur tour : du produit des ordinations ou ventes de prêtrises et de cures, de l'impôt mis sur chaque famille de l'évêché, du produit des biens de l'église métropolitaine, de quelques redevances obligées et arbitraires, de taxes sur les héritages, enfin de droits qui accompagnent l'administration des sacrements, car la simonie est effrénée chez les Grecs. Tout s'achète : l'épiscopat et la prêtrise d'abord, puis le baptême, l'absolution de tous les crimes, la communion, la bénédiction des maisons.

Et tous ces gains ne sont encore que les gains avoués et en quelque sorte légitimes, qui « n'atteignent sans doute pas, dit M. Ubicini, à la cinquième partie du produit des exactions des évêques. »

On conçoit maintenant que ces derniers se révoltent à la seule pensée de voir substituer un traitement fixe et payé par l'État, à des sources si variées de revenu ; et pourtant, dans leurs pétitions au gouvernement, les populations proposent généreusement « de régler la somme qui devait être assignée à chaque évêque, autant que possible, conformément aux dépenses *que l'évêque lui-même exposerait qu'il a besoin de faire.* »

Le moment des grosses recettes est celui de Pâques, alors que des milliers de pèlerins viennent visiter les Lieux Saints.

Rien ne peut donner une idée des moyens variés qu'emploient à cette époque, pour battre monnaie, les religieux grecs de Jérusalem. La vente de places dans le ciel est un des plus lucratifs. Ils ne laissent pas partir leurs dévots visiteurs sans leur avoir assuré une place dans le paradis. « Ils ne se contentent pas, dit le spirituel M. Énault, de promettre une entrée, ils réservent la place. J'ai connu un brave négociant.... qui a payé vingt mille piastres pour être dans le voisinage de saint Georges, son glorieux patron[1]. »

Bien qu'on les rançonne indignement ainsi, leur nombre ne s'élève pas à moins de *douze mille* par an, tandis que les pèlerins latins, desquels on n'exige pas une obole, n'atteignent pas chaque année le faible chiffre de *cent !*

La simonie fait aussi le plus clair du revenu du bas clergé grec; mais, tandis que par ce moyen les évêques regorgent de richesses, les simples *papas* végètent dans la misère la plus profonde; car sur ses faibles honoraires, « le papas doit solder l'arriéré du prix de son ordination et l'achat de sa cure, payer à son évêque deux ducats par an, aux termes de l'Épiphanie et de Pâques, *sous peine d'excommunication ;* enfin se racheter à chaque

1. L. Énault, *La Terre Sainte.*

moment de l'interdiction dont il est frappé pour la moindre peccadille. »

« Toutes ces sommes prélevées, il lui resterait rarement de quoi vivre lui et sa famille, quelque modique que soit la dépense d'un prêtre de village habitué à vivre comme un simple paysan, s'il n'y ajoutait le produit de quelque profession manuelle : car tout prêtre, en Turquie, sous peine d'être exposé à mourir de faim, doit savoir travailler de ses mains. La plupart cultivent la terre ; les autres sont charrons, menuisiers, artisans quelconques.

« Comment, après cela, reprocher aux prêtres grecs leur avidité et leur ignorance ? La première est presque une nécessité de leur situation ; pour la seconde, elle dépasse, à vrai dire, toute croyance[1]. »

M. Ubicini rapporte ensuite des faits qui, pour être à peine croyables, n'en sont pas moins d'une exactitude que chaque voyageur a pu constater par lui-même.

« Un jour, dit-il, un papas de la campagne.... fit à un papas de la ville la question suivante : Est-il vrai que Jésus-Christ est Dieu ? Il me semble

1. Ubicini.

l'avoir entendu dire ainsi ; d'un autre côté, on dit qu'il est homme : comment accorder ces deux choses ensemble ? S'il est Dieu, comment peut-il être homme, et s'il est homme, comment peut-il être Dieu[1] ? »

On ne s'étonne pas de cette ignorance quand on sait comment et à qui se confère la prêtrise.

Le même auteur raconte l'histoire d'un pauvre paysan qui, sachant lire et écrire et même ayant appris les formules usitées pour baptêmes, mariages et enterrements, pensa que rien ne pouvait plus s'opposer à ce qu'il obtînt une cure, mais il avait compté sans son hôte ; en effet, « il s'était adressé à son évêque, mais ils n'avaient pu tomber d'accord. Celui-ci lui avait demandé d'abord quatre cents piastres, puis il s'était rabattu à trois cents, mais sans vouloir rien céder en deçà ; le pauvre Methodios (c'était son nom) n'en possédait que deux cents. Force lui avait été de recourir à un autre prélat, plus besogneux, qui s'était contenté de ses deux cents piastres. Enfin, il avait trouvé à emprunter de quoi acheter son éphimérie, dont le casuel, joint au produit de la vente de ses nattes, lui permettait de soutenir tant bien que mal et d'élever ses enfants.

1. Ubicini.

« Il était d'une ignorance extrême. Je voulus le faire parler sur les différences dogmatiques de nos deux religions ; mais je n'en pus absolument rien tirer. Il n'avait jamais entendu parler ni du *Filioque*, ni du concile de Nicée, et tout ce qu'il savait des prêtres latins, c'est qu'ils baptisaient par aspersion, qu'ils communiaient avec des pains azymes, et surtout, ce dont il ne pouvait parler sans frémir, qu'ils se rasaient le menton. Peut-être que l'évêque qui l'avait ordonné prêtre n'eût pas su m'en dire davantage[1]. »

Le haut clergé grec, ainsi que les religieux ou *caloyers*, observent le célibat ; le bas clergé peut se marier, mais seulement avant d'entrer dans les ordres.

Les religieux passent la majeure partie de leur temps à des travaux manuels ; leurs exercices, comme nous l'avons vu au Calvaire, à l'office de la nuit, consistent surtout en signes extérieurs : signes de croix, saluts, et *kyrie eleïson*.

Jérusalem en compte cinquante environ ; ils possèdent treize couvents et autant d'églises. Il ne faut pas oublier aussi une cinquantaine de religieuses oisives au couvent de Sainte-Croix, hors la ville.

1. Ubicini.

L'administration de la justice appartient, chez les Grecs, au patriarche qui la délègue aux évêques.

Lors de la conquête, les Sultans, uniquement occupés par la guerre, furent heureux de se décharger sur un seul homme de tous les détails de l'administration de peuples différant par les usages, la langue et la religion : telle fut l'origine du pouvoir temporel du clergé grec.

Les évêques jugent donc leurs coreligionnaires en matière civile, et même en matière criminelle, jusqu'à l'application de certaines peines plus graves, qu'ils n'ont pas le pouvoir d'infliger. Ici, comme dans les choses spirituelles, leurs intérêts sont sauvegardés, puisqu'ils recueillent à leur profit les amendes et un droit variable sur chaque procès.

Quant à l'administration des affaires, elle est confiée à des municipalités présidées par un fonctionnaire élu pour un an et indemnisé par quelques priviléges assez lucratifs, du temps qu'il consacre au bien public ; il cumule avec les fonctions de nos maires celles de percepteur, d'arbitre, de notaire et plusieurs autres encore.

A côté des Grecs viennent se placer les Arméniens ; bien que très-inférieurs en nombre, ils ne le leur cèdent en rien, grâce aux immenses richesses que fait affluer dans leurs mains le haut commerce de l'Asie ; les opérations d'argent leur sont si familières, qu'une classe entière de la nation ne s'occupe pas d'autre chose sous le nom significatif de *Sarraf*, mot qu'on traduit par ceux-ci : *Qui connaît la valeur des choses.*

Les Arméniens n'ont plus de patrie politique. Elle s'étendait entre la mer Noire et la mer Caspienne, aux lieux que foulèrent les premiers habitants du monde, auxquels ils font remonter sans scrupule leur origine directe et leur langue littéraire.

Ils furent tirés des ténèbres de l'idolâtrie par saint Grégoire l'*Illuminateur* au commencement du IVe siècle, mais cent cinquante ans après lui, ils abandonnaient déjà le catholicisme, pour embrasser la doctrine d'Eutychès qui n'admettait qu'une seule nature en Jésus-Christ. Ils ne reconnaissent donc pas le concile de Chalcédoine qui le condamna ; nient l'autorité du pape ; rejettent du Symbole les mots *Filioque*, comme les Grecs ; et ne croient ni au purgatoire ni aux indulgences. Comme les Grecs, ils adhérèrent aux décisions du concile de Florence, qui pourtant est resté, pour eux aussi lettre morte, par une fatalité déplorable.

Au commencement du XVIIIe siècle, Méchitar forma le noyau des Arméniens-unis ou soumis à Rome. Ils eurent des peines infinies à défendre leur foi contre la persécution qui vint à plusieurs reprises les éprouver, et c'est depuis quelques années seulement qu'ils sont parvenus à prendre rang parmi les communautés de raïas, à conquérir une existence propre, et à avoir un patriarche.

Les haines et les rivalités qui divisent les Grecs et les Latins n'existent pas au même degré entre ces derniers et les Arméniens schismatiques; nos luttes ont été aussi moins fréquentes et moins acharnées. Ce n'est guère qu'en 1611 qu'ils parurent sur la scène pour envahir à leur tour nos sanctuaires; mais alors même n'y réussirent-ils, que de concert avec les Grecs, qui trouvaient le moyen de leur faire acheter chèrement le concours qu'ils prétendaient leur prêter. Leur caractère est bien plus honorable que celui de leurs alliés; doux et austères, ils paraissent avoir des convictions plus sérieuses. Leurs cérémonies, comme nous l'avons vu au Saint-Sépulcre, respirent la noblesse et la dignité; enfin chez eux l'on ignore cette rapacité, ces trafics honteux, qui déshonorent et avilissent l'Église Orthodoxe.

Les évêchés, aussi bien que les autres fonctions ecclésiastiques inférieures, se donnent à l'élection. La vertu est généralement le meilleur titre; la richesse n'en tient pas lieu. Comme chez les Grecs, le mariage n'est permis que dans les rangs du bas clergé, qui, pas plus que chez les Grecs, ne semble avoir la science ou la fortune en partage, l'examen qu'on fait subir aux candidats n'étant qu'une pure formalité, et leurs revenus ne se composant que de dons volontaires.

J'ai dit que les Arméniens étaient gens austères; on en trouve la preuve dans les pratiques suivies dans les ordinations. Elles sont précédées de nuits passées dans la prière, comme jadis *notre veillée des armes;* la suite est encore plus rigoureuse : à la prière, à une reclusion de quarante jours, se joint le jeûne le plus sévère : aussi les catholiques de l'Europe, témoins de tant de ferveur mise au service du mensonge, peuvent-ils difficilement s'empêcher de faire sur leur lâcheté des réflexions qui sont loin d'être à leur avantage.

Le chef de la communauté arménienne schismatique à Jérusalem est un évêque qui jouit du titre et des insignes de patriarche; plusieurs suffragants relèvent de son siége.

Il habite un beau palais qui touche au couvent de Saint-Jacques, ancienne propriété des Franciscains. C'est le plus riche de tous les couvents arméniens; les pèlerins qui y viennent de toutes parts y laissent généralement de riches offrandes; et comme il possède en outre des biens considérables, il peut secourir efficacement le reste de la nation arménienne. L'évêque reçoit avec luxe dans ce palais les fidèles de tous les cultes indistinctement ; il paraît fort désireux de ne mécontenter personne, et surtout occupé à tenir avec impartialité la balance entre tous.

Quand j'eus l'honneur de lui être présenté, il me fit remarquer avec complaisance un portrait de l'Empereur des Français suspendu dans son divan à la place d'honneur. Les mauvaises langues de Jérusalem affirment qu'il a une galerie fort complète de toutes les têtes couronnées, et que chacune à son tour a les honneurs du salon, suivant la nationalité des visiteurs.

Le couvent peut être habité par trente-cinq religieux et presque autant de jeunes clercs : on y voit une imprimerie bien organisée ; enfin quelques religieuses occupent aussi non loin de là un autre petit couvent.

L'évêque administre son diocèse assisté de deux conseils, l'un civil, l'autre ecclésiastique. Les paroisses forment des municipalités, sous la direction de notables qui répartissent les impôts. Les Arméniens n'en ont pas d'autres que ceux levés au nom du gouvernement; ils subviennent aux frais occasionnés par l'administration civile, comme nous l'avons vu pour les frais du culte, au moyen de dons volontaires. Il est des pays où ce mode de remplir les caisses publiques serait peut-être insuffisant.

Les autres communions chrétiennes à Jérusalem sont de peu d'importance; quelques mots suffiront pour les faire connaître.

Elles partagent plus ou moins les erreurs d'Eutychès et des Arméniens, qui se les attachent encore plus étroitement par les secours en argent qu'ils leur donnent. Cependant ces schismatiques ont peu d'éloignement pour le catholicisme, auquel on les voit chaque jour se rattacher davantage; pour quelques-uns d'entre eux, les Abyssins par exemple, le plus grand obstacle à cet heureux rapprochement est la difficulté de trouver pour les instruire des missionnaires qui sachent parler leur langue.

Les plus nombreux sont les Cophtes, Égyptiens de race, qui embrassèrent l'erreur d'Eutychès à la suite de Dioscore, patriarche d'Alexandrie. Ils admettent la confession auriculaire et la communion sous les deux espèces. Leur couvent, pauvre, quoique vaste, touche au Saint-Sépulcre, au lieu de la neuvième station de la Voie Douloureuse.

Les Abyssins, noirs inoffensifs, admettent la circoncision et quelques autres pratiques de la loi de Moïse, ce qui ne les empêche pas d'avoir une grande vénération pour la Sainte Vierge. Ils baptisent par immersion, et suivent sur le péché une doctrine fort commode, consistant à croire qu'il n'est pas possible avant vingt-cinq ans.

Les Syriens et les Jacobites diffèrent peu des sectes précédentes, et, comme elles, trouvent chez les Arméniens une utile protection.

Voilà quelles sont les communions chrétiennes qui se disputent le terrain à Jérusalem; pour passer en revue tous les raïas ou sujets non musulmans de la Porte, il faut encore citer les Juifs, qui forment à peu près la moitié de la population de la ville.

Ils se divisent en *Talmudistes* ou *Rabbinistes*, — c'est ainsi qu'on nomme ceux qui suivent les doctrines du Talmud et des rabbins, — et en *Karaïtes*, qui, suivant à la lettre l'Écriture, rejettent les interprétations et les explications des docteurs.

Jérusalem a un grand rabbin de première

classe. Comme, chez les Juifs, il n'y a pas de hiérarchie religieuse, il est parfaitement indépendant, et celui de Constantinople n'a de rapport avec lui que pour lui transmettre officiellement les ordres de la Porte. Le grand rabbin de Jérusalem est élu par les notables; il est assisté d'un conseil. Un tribunal de trois membres inamovibles, nommé *Bet-din*, juge presque gratuitement; l'équité des tribunaux juifs est si connue, que les étrangers se soumettent souvent à leurs décisions [1].

En somme, leur administration est plus parfaite que celle de tous les autres raïas; et, s'ils sont plus pauvres et plus sales à Jérusalem que partout ailleurs, cela tient à ce que le commerce est presque nul, et qu'ils ne viennent pas dans la Cité Sainte dans un but de spéculation, mais seulement pour finir leurs jours dans la ville de leurs pères et reposer près d'eux dans la vallée de Josaphat. On peut même dire que ce sont les plus pauvres d'entre eux, ceux que ne retient aucun établissement, aucun lien sur la terre, qui entreprennent ce dernier pèlerinage. Pour l'effectuer, beaucoup doivent avoir recours à la charité de leurs coreligionnaires, surtout de ceux

1. Ubicini.

de Constantinople, qui ont, selon M. Ubicini, le rare avantage de solder chaque année leur budget par un excédant de recette égal aux trois quarts à peu près du budget total. Ce n'est qu'en Orient assurément qu'on peut voir des choses aussi merveilleuses.

VIII

PROMENADES.

Mont des Oliviers. — Vallée de Josaphat.

Le Saint-Sépulcre nous a longtemps arrêté, ainsi que l'état de la religion dans la Ville Sainte. Il nous reste maintenant à parcourir bien des lieux renommés, à visiter bien des ruines illustres ; hélas! moins que des ruines peut-être; des noms, de simples souvenirs nous attendent : *etiam periere ruinæ !*

Arrivés à ce point de notre récit, nous poursuivrons rapidement notre course ; assez d'auteurs, avant nous et mieux que nous, ont dépeint les monuments et les lieux célèbres de la ville, enregistré ses débris, mesuré ses colonnes.

C'est vers l'est que nous dirigerons d'abord nos pas; vers le mont des Oliviers, du haut duquel nous dominerons aisément la ville entière.

Pour nous y rendre, le chemin de la Croix

nous conduit quelque temps; des restes de constructions imposantes, que nous rencontrons, sont décorées du nom de ruines de la tour Antonia. En face du palais de Pilate est une chapelle dite de la Flagellation, elle appartient aux religieux franciscains, et n'offre rien de remarquable. Un peu plus loin sur la gauche, au milieu de ruines désertes, est la belle église ogivale de Sainte-Anne. Aujourd'hui c'est une mosquée; jadis les croisés l'élevèrent pour honorer la Nativité de la sainte Vierge.

Enfin, à droite, avant de sortir de la ville, est un immense bassin construit de main d'homme. Les murs qui soutenaient les terres s'écroulent avec elles; les édifices voisins, entraînés dans leur chute, forment des amas de décombres sur ses bords, et les animaux viennent y brouter l'herbe qui croît de toutes parts. C'est l'ancienne piscine Probatique ou des Brebis, ainsi nommée parce qu'on y purifiait les victimes destinées aux sacrifices.

D'immenses aqueducs bâtis par Salomon, dont on voit encore aujourd'hui les ouvertures, distribuaient ses eaux dans la ville. Cinq portiques l'entouraient, les malades s'y faisaient porter; car le premier qui s'y plongeait après que l'eau avait été agitée par l'ange, obtenait sa guérison. C'est là que Jésus-Christ rendit le mouvement à un paralytique.

Quelques pas encore et nous franchissons la porte de Sitti Mariam (madame Marie), aussi nommée porte Saint-Étienne, parce que non loin de là le premier de nos martyrs scella sa foi de son sang, pendant que le jeune Saul, qui devait être plus tard l'apôtre des nations, se faisait complice de sa mort en gardant les vêtements des bourreaux.

A droite et le long des murs est le cimetière des musulmans. Leurs tombeaux sont toujours simples. La forme en varie peu : c'est une pierre plate posée horizontalement sur un carré long en maçonnerie de la grandeur de la fosse. Aux deux extrémités s'élèvent deux pierres verticales; elles sont terminées, soit par un grossier turban sculpté ou peint, soit par quelque autre représentation des insignes du défunt pendant sa vie. Au milieu de la pierre tombale les parents cultivent des fleurs; le plus souvent c'est un pied d'aloès, plante aimée du Prophète, et qui a le privilége, avec la mâchoire d'âne, d'écarter le *mauvais œil;* aussi voit-on beaucoup de musulmans suspendre l'un ou l'autre sur la porte de leurs maisons.

Dans les funérailles, les parents et les amis, — les femmes surtout, — accompagnent le mort jusqu'à sa demeure dernière, en poussant de lamentables gémissements qui font penser aux *nénies* grecques.

Près du cimetière musulman est une des portes les plus curieuses de Jérusalem, la Porte Dorée. Aujourd'hui elle est murée; les Arabes pensent, sur la foi d'une ancienne tradition, qu'un jour les chrétiens vainqueurs rentreront par cette porte dans la ville reconquise : c'est le motif qui l'a fait condamner. Ils ne savent pas qu'ils accomplissent une prophétie d'Ézéchiel : « Cette porte sera fermée, dit-il, et elle ne s'ouvrira plus; et nul homme n'y passera, parce que c'est par elle que le Seigneur, le Dieu d'Israël est entré, et elle demeurera fermée. »

C'est en effet par là qu'entra Jésus-Christ au jour des Rameaux : aussi les croisés, qui l'avaient également murée, mais pour un autre motif, la *desmuraient*-ils au jour de l'Exaltation de la Sainte-Croix. On y allait « à pourcession le jour de Pasques flories, pourceque Jhesu Cris y passa à cel jour. »

M. de Saulcy l'assigne à l'architecture judaïque gréco-romaine; il pense qu'elle pourrait bien avoir appartenu aux constructions qu'Hérode ajouta au Temple, au témoignage de Josèphe.

A partir des remparts, la montagne sur laquelle s'élève la ville descend à pic jusqu'au Cédron, qui forme le fond de la vallée de Josaphat. Il n'y a d'eau qu'en hiver; aujourd'hui il est à sec.

Jésus-Christ le passa bien souvent pour aller au Jardin des Oliviers qui se trouve de l'autre côté. Quand il le traversa pour la dernière fois, ce fut pour marcher à la mort. Ses bourreaux le poussaient si brutalement, qu'il tomba dans l'eau sur ses genoux pour accomplir cette parole du prophète : *de torrente in via bibet*, et ses genoux restèrent imprimés dans le roc.

Avant le Sauveur, David, son prophète et sa figure, franchit également le torrent célèbre, poursuivi par les insultes du lâche Semeï, et gravit en pleurant la pente ardue des Oliviers.

Enfin c'est dans le Cédron qu'Ézéchias et Josias jetaient les cendres des idoles qu'ils avaient livrées aux flammes.

Un pont d'une seule arche le traverse et conduit au pied du mont des Oliviers :

Monte che dall' olive il nome prende,
Monte per sacra fama al mondo noto,
Che oriental contra le mura ascende.

A peine a-t-on fait quelques pas qu'on rencontre un petit espace entouré d'un mur. Cet enclos appartient aux Pères de Terre Sainte; il renferme les huit gros oliviers sous lesquels, peut-être, Jésus-Christ pria lors de sa dernière heure.

Pour qui a vu ces arbres vénérables, dont la circonférence est d'environ huit mètres; pour qui sait que la vie de l'olivier se compte par siècles; qu'il se rajeunit, pour ainsi dire, en renaissant de ses propres racines, il n'y a rien d'absolument incroyable à entendre dire que les arbres du jardin de Gethsémani remontent au temps de Jésus-Christ. Aussi les foudres de l'Église ne sont-elles pas de trop pour les protéger contre la piété des pèlerins, et réserver leurs fruits aux religieux, qui en font des chapelets fort recherchés.

Non loin de ces arbres, on montre le lieu où s'endormirent les apôtres; celui où Judas donna à son Maître un perfide baiser; et, plus à gauche, à la distance d'un jet de pierre, *quantum jactus est lapidis*, la grotte de l'agonie, témoin de la douleur la plus poignante qui ait jamais brisé cœur humain.

Sauf un autel qu'on y a élevé, on l'a laissée dans sa nudité primitive. Combien je la préfère à tous les ornements de mauvais goût dont on surcharge quelques autres sanctuaires! J'aime à toucher ces parois de rochers : c'est bien contre elles que Jésus-Christ appuya son front divin; c'est bien sur ce sol inégal que tombèrent les gouttes de sa sueur sanglante.

Tout auprès de l'entrée de la grotte est le tombeau de la sainte Vierge. Cinquante marches font descendre dans un vaste souterrain. Avant de parvenir au tombeau, qui, non plus que celui du Sauveur, n'aura pas de victime à rendre au dernier jour, on trouve à droite et à gauche ceux de sainte Anne, de saint Joseph et de saint Joachim. Ce caractère de tombeau de famille a donné des scrupules à quelques auteurs; ils ont soupçonné une poétique et touchante invention; quant à moi, s'il n'y a d'autre motif de révoquer en doute l'authenticité de ce tombeau, je n'en suis pas ému. Il ne faut pas oublier, en effet, que les sépultures de famille étaient précisément en usage chez les Juifs, comme chez tous les peuples de la Syrie et de l'Égypte. Les preuves sont nombreuses; on peut citer, entre mille, Abraham, qui veut avoir une caverne, la caverne de Makfelah, pour lui et sa postérité; Jacob, qui demande à y être rapporté : « Tu me transporteras hors de Misraïm, dit-il....

Enterrez-moi *auprès de mes pères;* » Gédéon, Samson, Akhitophel, Saül, qui furent ensevelis près de leurs ancêtres.

La tombe de la sainte Vierge est au fond, à droite du souterrain qui a la forme d'une croix; l'ogive y est légèrement accusée. J'ai dit comment seuls les Latins furent chassés de ce sanctuaire qui, dans l'origine, n'appartenait qu'à eux.

En continuant à gravir le mont des Oliviers, on trouve le lieu où Jésus-Christ pleura sur la ville qui le méconnaissait : on la domine déjà. Qu'elle paraît belle même aujourd'hui, et que ne dut-elle pas être un jour! On comprend alors et l'amour de ses enfants et les larmes de l'Homme-Dieu. *Videns civitatem flevit super illam.*

Montons encore : ici, il apprit le *Pater* à ses apôtres; là, ils composèrent le *Credo;* une église s'y éleva jadis, quelques colonnes étaient naguère encore debout, aujourd'hui elles sont couchées dans la poussière : à Jérusalem, les ruines mêmes passent vite.

Un peu plus haut encore est une grotte. Aux premiers siècles de l'Église, un anachorète mystérieux y vécut de longues années dans la plus austère pénitence. Quels étaient son nom, sa patrie? personne ne le savait. A sa mort, on découvrit que cet ermite était une femme, une courtisane, que l'on appelait Thaïs, et l'Église honora son long repentir sous le nom de Pélagie.

Enfin, non sans peine, nous sommes au sommet de la montagne; une mosquée octogone la couronne; c'était autrefois une église bâtie par sainte Hélène, au lieu même de l'Ascension. On dit, — c'est saint Jérôme qui l'a dit le premier, — que jamais on ne put en terminer la voûte, et qu'une force mystérieuse maintint toujours libre la partie de l'espace par laquelle Jésus-Christ s'était élevé dans les cieux. On y montre aussi la trace d'un pied; c'est, dit-on, l'empreinte du dernier pas de Jésus-Christ sur la terre, mais elle est si peu prononcée qu'à peine peut-on savoir si elle est tournée vers le nord ou vers le midi. On pense généralement que Jésus-Christ regardait le nord en remontant au ciel, comme pour appeler à la foi ses races encore neuves, et renier au contraire le midi avec ses erreurs invétérées.

Quel admirable théâtre pour la grande scène de l'Ascension, pour les adieux du Sauveur au monde qu'il va quitter! Quel marchepied sublime que cette montagne des Oliviers, qui semble le rapprocher des cieux! A ses pieds se déploie le pays privilégié qu'il est venu appeler à la vérité, qui n'a pas écouté sa parole de salut ; la ville dont il a voulu réunir les enfants ; ville ingrate, qui n'a pas reconnu celui qui pouvait lui assurer le bienfait de la paix.

Jetons, nous aussi, un regard sur le magique panorama qui se déroule devant nous. Du haut de la mosquée, notre œil embrasse la Judée tout entière. Sur le premier plan, au sud, nous voyons le mont du Mauvais-Conseil, ainsi nommé de la villa qu'y possédait Caïphe et de l'abominable conseil qu'il y donna aux Juifs assemblés : *Consilium dederat Judæis quia expedit unum hominem mori pro populo.* Plus loin, les collines de Beitléhem,

Che 'l gran parto accolse in grembo.

Plus loin encore, les montagnes qui bornent les déserts d'Arabie. A l'est, c'est la vallée verdoyante du Jourdain :

Ha da quel lato donde il giorno appare
Del felice Giordan le nobil onde.

Puis la mer Morte, aux reflets métalliques comme une coupe de métal en fusion, et derrière, comme pour encadrer ce tableau grandiose, la longue ligne des monts de Moab ou d'Arabie. Sur ce fond uniforme, une cime se détache, c'est le Nébo, le tombeau mystérieux de Moïse. Au nord, nous voyons les montagnes jadis boisées d'Éphraïm et de Samarie. Enfin à l'ouest, à nos pieds, Jérusalem et cette couronne de montagnes sévères, *montes in circuitu ejus*, qui l'entourent comme une ceinture et vont en s'abaissant vers la mer, la grande mer des Écritures, notre belle Méditerranée, dont les flots bleus baignent à mille lieues d'ici la terre de France :

E dalla parte occidental del mare
Mediterraneo l' arenose sponde,

dit le Tasse, que l'imagination et la poésie n'empêchent pas, on le voit, d'avoir l'exactitude d'un géographe.

Mais c'est Jérusalem avant tout qui captive l'attention et attire les regards; Jérusalem, la ville par excellence, *Jérusalem quæ ædificatur ut civitas.* Même aujourd'hui, elle pourrait dire encore à qui la voit du lieu où nous sommes : *Sedeo regina.* Non, jamais je n'ai vu un si bel ensemble! Quelle autre ville présente une enceinte aussi grandiose de remparts crénelés, aux assises colossales? Ceux qui nous font face dominent à pic la vallée profonde, ils courent en ligne droite du nord au sud; Jérusalem tout entière, formant un carré long, est renfermée dans ses murs; pas un seul faubourg ne vient déshonorer cette ligne splendide et comme une plante parasite s'attacher à ses flancs. On ne peut retenir un cri d'admiration. Dans l'éloignement; les ruines, les immondices, les décombres disparaissent; il ne reste plus qu'une ville à l'aspect imposant, semée de coupoles, hérissée de minarets. Elle est majestueusement assise sur quatre montagnes élevées : de trois côtés leur pente est rapide :

Fuor da tre lati ha malagevol costa.

Mais à l'intérieur, leurs sommets ont été nivelés par les catastrophes et les ruines successives qui ont bouleversé la malheureuse cité.

Du lieu où nous sommes nos yeux plongent dans la funèbre vallée de Josaphat jusqu'au Cédron, qui en sillonne le fond. La montagne qui de l'autre côté se relève à pic en face de nous, et que nous avons descendue en sortant de la ville, c'est le mont Moriah, que couronne noblement la fameuse mosquée d'Omar. C'est la place du sacrifice d'Abraham; la place où s'arrêta l'ange exterminateur, après avoir cruellement puni le recensement vaniteux de David; la place, enfin, du temple fameux de Salomon.

A gauche du mont Moriah et de la mosquée

d'Omar, vous voyez encore une coupole : c'est la mosquée El-Aksa, ancienne église bâtie par les croisés sur le lieu de la présentation de la sainte Vierge au temple. La ville s'abaisse légèrement dans un pli de terrain, pour se relever aussitôt avec sa seconde montagne, le mont Sion, que nous parcourrons bientôt. Nous voyons d'ici la tour de David qui le domine, le temple des Protestants, le Cénacle et la mosquée qui le profane; à notre droite, la coupole du Saint Sépulcre, près de laquelle sont les ruines de l'ancien hôpital de Saint-Jean de Jérusalem. Cette partie de la ville est bâtie sur la troisième colline, Acra, ou sur le Golgotha; puis elle s'étend encore, au nord, sur la quatrième nommée Bezetha; mais de ce côté la pente est insensible :

........Par che non si monte.

Quatre portes donnent entrée dans la ville : ce sont les portes de Jaffa, à l'ouest; de Damas, au nord; de Saint-Étienne, à l'est, et de Sion, au sud. Deux autres existent encore, mais elles sont fermées : ce sont les portes Dorée et des Maugrabins.

Tel est l'aspect de la ville d'aujourd'hui. Ouvrons une parenthèse pour donner une idée de la ville ancienne, en nous aidant surtout de la description de d'Anville.

(Jérusalem était autrefois divisée en ville haute, sur le mont Sion; et ville basse, sur l'Acra. Simon Machabée jeta le sommet de cette dernière colline, avec la forteresse qu'Antiochus Épiphane y avait élevée pour commander le temple, dans la partie creuse qui la séparait du mont Moriah. Ainsi commença le nivellement des sommets sur lesquels la ville est bâtie.

Le mont Moriah, quoique élargi successivement par des terrassements que soutenaient des murs imposants, ne communiqua d'abord que par un pont avec le mont Sion, compris alors tout entier dans la ville.

Entre les deux, la partie basse était la vallée Tyropœiôn ou des Fromagers, sans doute ainsi nommée de l'industrie de ses habitants, car ce quartier, qu'on nommait Ophel, était l'asile de la populace la plus misérable.

A l'angle nord-ouest du temple était une tour bâtie par Hyrcan, bien connue depuis sous le nom de tour Antonia, après qu'Hérode, qui l'embellit, lui eut donné le nom d'Antoine son bienfaiteur.

L'enceinte de la ville changea trois fois. La plus

ancienne, d'après Josèphe, n'enfermait que Sion. Elle allait de l'angle sud-ouest du temple à la tour Hippicos, qu'il faut sans doute placer à l'angle sud-ouest de l'enceinte moderne. Elle la suivait ainsi en partie, ce qui permettrait de reconnaître, dans certaines portions du mur actuel, les restes des fameuses tours qui fortifiaient le mur antique. De la tour Hippicos elle suivait les contours de Sion, qu'elle enveloppait, puis rejoignait l'angle sud-est du temple.

La seconde enceinte fut de peu d'importance; elle relia simplement la première à la tour Antonia.

La troisième n'était autre que la première dans la partie méridionale; mais à partir de la tour Hippicos, elle continuait à courir droit au nord jusqu'à la tour Pséphina, que tout indique être la tour de David. En effet, Josèphe place la tour ancienne à l'angle nord-ouest, et c'est également la position que Brocard assigne à la tour moderne : *Ubi occidentalis muri pars connectebatur aquilonari.* Il en était ainsi quand le Calvaire ne faisait pas encore partie de la ville ; et cette position de la tour de David confirme une fois de plus l'authenticité des Lieux Saints, puisqu'elle ne pouvait être l'angle nord-ouest qu'à condition de voir à cet endroit le mur tourner à l'est pour venir rejoindre le temple et la tour Antonia, et par conséquent exclure les Lieux Saints de l'enceinte.

Plus tard, la colline de Bezetha fut ajoutée à la ville, qui recula considérablement ainsi ses limites vers le nord. Néanmoins, en admettant tous les accroissements qu'on voudrait imaginer, comme la nature du sol et certains points qui n'ont pu varier obligent à les restreindre dans certaines limites, j'ai peine à admettre que la ville de Jérusalem ait jamais pu être assez étendue pour réunir, même au temps de Pâques, la population fabuleuse que fait supposer le récit de Josèphe.

A l'époque des Croisades, l'enceinte n'enveloppait plus le mont Sion, puisque le moine Robert place sur cette montagne les croisés assiégeants. Cependant il devait encore exister tout au moins des restes des anciens remparts, puisque l'histoire parle d'une démolition opérée en 1219 par Isa, neveu de Saladin; mais sans doute ils ne pouvaient plus servir de ligne de défense. Les véritables murs devaient, de ce côté, suivre à peu près la ligne des murs actuels, ou de Soliman, qui probablement utilisa pour ses nouveaux remparts les fondements des précédents. Ce qui le prouve, c'est l'assertion d'El-Edrisi, qui dit qu'au XIIe siècle, pour aller au Cénacle, il fallait — comme aujourd'hui — sortir de la ville par la porte de Sion, *Bab-Seihun*.

L'angle nord-est était également exclu de l'enceinte, depuis la tour Angulaire, ou de Tancrède, jusqu'à la porte Saint-Étienne, en suivant une ligne que du haut de la montagne on peut distinguer parfaitement encore, à la différence et à la rareté des maisons.

La ville ancienne avait douze portes : la porte des Troupeaux et celle des Poissons, la porte Vieille et la porte Sterquilinaire, celle de la Vallée et de la Fontaine, les portes des Chevaux, des Eaux, d'Éphraïm, de Benjamin, Judiciaire et Angulaire.)

Plus je contemple la ville et moins je puis en détourner mes regards. Des hauteurs où je suis, elle semble être, ainsi que le pays qui l'entoure, une vaste carte en relief, sur laquelle on peut suivre avec le plus vif intérêt les mouvements des diverses armées qui successivement, dans la suite des âges, ont foulé cette terre fameuse et affronté ces redoutables remparts.

Pour le chrétien, pour le Français, il est entre tous les autres un siége palpitant d'intérêt, celui qui livra Jérusalem aux croisés. Il me semble d'ici voir flotter partout les étendards des Francs, et briller au soleil leurs armures d'acier; je reconnais chaque chef entouré de ses valeureux compagnons d'armes. Au nord, à notre droite, sur cette esplanade couverte d'oliviers, voici la bannière de Godefroy de Bouillon; à ses côtés sont Robert, comte de Normandie, et Robert, comte de Flandre; ils ont dressé leurs tentes au lieu même où s'élevaient celles de Titus, entre la grotte de Jérémie et le sépulcre des Rois : c'est en effet le côté de la ville qui offre à l'attaque le moins d'obstacles à vaincre :

> Sol verso Borea è men secura alquanto.

Tancrède, à la droite de Godefroy, attaque la partie des murs qui regarde le nord-ouest; Raymond, comte de Toulouse, est au couchant; plus tard il ira camper au midi, sur le mont Sion, tandis que tous les autres chefs se porteront un peu plus sur la gauche, afin de suivre le mouvement de Godefroy qui, pour le dernier assaut, va faire avancer sa tour à l'angle nord-est, sur ce terrain uni que les murs n'enfermaient pas encore, près de la porte Saint-Étienne, qu'il enfoncera avec Tancrède pour pénétrer dans la ville.

Voilà ce parvis de la mosquée d'Omar où les Sarrasins se défendirent jusqu'à la dernière extrémité, où le sang coulait à flots, et baignait le poitrail des chevaux. Quand les croisés faisaient des processions pour appeler sur leurs armes la bénédiction du ciel, ils venaient, ici, sur la montagne des Oliviers; de là ils considéraient en pleurant la ville qu'ils venaient délivrer.

Comme je comprends bien leurs fatigues, leurs découragements, la soif qui les tourmentait! tout est aride et brûlé. Je vois bien la fontaine de Siloé, mais quelle ressource insuffisante :

> ......Di tepide linfe appena il fondo
> Arido copre e da scarso ristoro!

Les soldats sont réduits à presser contre leurs lèvres des mottes de terre humide et des pierres mouillées par la rosée; c'est loin de la ville qu'il faut aller chercher le bois nécessaire aux machines, dans la forêt de Saron, entre Naplouse et la mer : c'est sans doute la forêt enchantée du Tasse. Je ne la vois pas d'ici; à perte de vue les montagnes ne présentent que des sommets dépouillés.

Tels sont les souvenirs qui se pressent dans l'esprit de celui qui contemple Jérusalem du haut de la mosquée de l'Ascension.

Le mont des Oliviers se termine par trois sommets. Au milieu et s'élevant un peu au-dessus des deux autres est celui de l'*Ascension*, sur lequel nous sommes; au sud, le mont du *Scandale:* Salomon y éleva des autels aux dieux de ses femmes et fit fumer en leur honneur un encens sacrilége; — de là son nom.

Le sommet du nord est désigné par ces deux mots *Viri Galilæi.* Pourquoi ce nom? Est-ce là que les anges ont adressé ces paroles aux disciples étonnés : *Viri Galilæi, quid statis aspicientes in cœlum?* Mais ils étaient déjà un peu loin du lieu de l'Ascension. Peut-être revenaient-ils vers la ville en tournant souvent leurs regards en arrière? Peut-être enfin ce nom vient-il d'un lieu où les Galiléens se réunissaient, dit-on, fréquemment. Là s'éleva jadis une église; sa crypte profonde se voit encore à travers un épais manteau de ronces qui remplacent sa voûte écroulée.

Du mont des Oliviers on redescend dans la vallée de Josaphat; cette vallée étroite, puisqu'elle n'a guère plus de largeur que le lit même du Cédron, est profondément encaissée entre cette montagne et le mont Moriah; elle court du nord au sud jusqu'à ce qu'elle rencontre la vallée des enfants d'Hinnom, *Benhennom* ou *Gehennom*, la Géhenne des livres saints. Celle-ci tourne vers l'ouest en suivant le pied de Sion, et ainsi toutes deux forment comme un immense fossé d'enceinte à l'est et au sud de la ville qui les domine, tandis qu'à l'ouest elle est protégée par la vallée moins profonde de Gihon.

En suivant la première de ces vallées, nous rencontrons d'abord quatre tombeaux remarquables.

Jusqu'à ce jour la tradition et le vulgaire ignorant ont nommé le premier, le tombeau d'Absalon. S'il en était ainsi, nous aurions sous les yeux un monument d'une bien haute antiquité, puisqu'il serait antérieur au temple, et bien curieux en même temps, puisqu'il nous donnerait un spécimen de l'art judaïque, si longtemps inconnu. Or, voilà que l'histoire et la science semblent enfin se mettre d'accord pour donner raison à la tradition et aux ignorants.

L'histoire, s'autorisant du livre de Samuel, de Josèphe et du Pèlerin de Bordeaux, affirme que ce cippe funèbre fut élevé dans la vallée du Roi — c'était le nom ancien de la vallée que nous parcourons — par Absalon lui-même pour conserver sa mémoire à la postérité.

La science l'assigna longtemps au IVe siècle de notre ère ou à la décadence de l'art grec; mais voilà qu'aujourd'hui, par la bouche de M. de Saulcy, elle proclame que notre monument n'est pas du IVe siècle, puisqu'on le trouve mentionné avant cette époque; qu'il n'est pas davantage de la décadence grecque, et que le mélange d'ionique, de dorique et d'architecture égyptienne qui servait de fondement à cette dernière opinion n'est autre chose que l'un des caractères de l'art judaïque, comme nous aurons l'occasion de le constater plus d'une fois. Qu'y a-t-il d'étonnant? Les Juifs, mêlés si souvent aux Égyptiens et aux Assyriens, auraient reçu de ceux-ci de première main et avant les Grecs l'ordre ionique, qu'ils nommaient *Aïl* et *Aïlim* (bélier) parce que ses volutes leur rappelaient les cornes de cet animal; les ruines de Ninive sont là pour donner une grande valeur à cette opinion : d'un autre côté, les Égyptiens leur auraient donné l'ordre dorique qu'on retrouve dans les excavations de Beni-Hassan, et de ce mélange se serait formée l'architecture judaïque[1]. J'avoue mon faible pour cette opinion qui nous permet de passer par-dessus la tête des Grecs, ces Gascons de l'antiquité, pour aller reconnaître derrière eux les vrais inventeurs de l'archi-

1. Saulcy.

tecture dans le monde. Ils n'auraient droit qu'à un brevet de perfectionnement, et ce serait exagérer leur mérite que de dire, comme au beau temps de l'enthousiasme hellénique, que toute architecture est fille de la Grèce.

M. de Chateaubriand, malgré son amour pour cette dernière, éprouvait bien quelques scrupules à lui faire honneur des monuments qui nous arrêtent; il était forcé d'y reconnaître au moins un mélange dans lequel les Juifs avaient bien apporté leur part : « En naturalisant à Jérusalem, dit-il, l'architecture de Corinthe et d'Athènes, les Juifs y mêlèrent les formes *de leur propre style.* Les sépulcres de la vallée de Josaphat, et surtout les tombeaux dont je vais bientôt parler, offrent l'alliance visible *du goût de l'Égypte et du goût de la Grèce.* Il résulta de cette *alliance* une sorte de *monuments indécis*, qui forment pour ainsi dire *le passage* entre les Pyramides et le Parthénon; monuments où l'on distingue un génie sombre, hardi, gigantesque, et une imagination riante, sage et modérée. On va voir un bel exemple de cette vérité dans les sépulcres des Rois [1]. » Nous y verrons, nous, un bel exemple de l'art judaïque.

1. Chateaubriand, *Itinéraire.*

Quoi qu'il en soit, voici la description de ce tombeau fameux : Un dé, taillé dans le roc, qui s'élève verticalement sur trois de ses côtés, lui sert de base. Chaque face est ornée de colonnes ioniques qui supportent une frise dorique et une corniche égyptienne. Au-dessus de cette base est d'abord un couronnement formé de gros blocs de pierre jointoyés sans ciment et orné d'une petite corniche, puis un cône terminé par un bouquet de palmes. A l'intérieur du dé est la chambre sépulcrale, mais elle est aujourd'hui, ainsi que le monument, à demi enfouie sous un monceau de pierres, que chaque Juif en passant lance en détournant la tête sur le tombeau du fils ingrat; si bien que celui du saint roi Josaphat, qui lui est contigu, a presque disparu sous cette manifestation de la haine nationale qui ne s'adressait pas à lui.

A quelques pas plus loin est le tombeau de saint Jacques le Mineur, que les Juifs précipitèrent de l'esplanade du Temple dans la vallée que nous parcourons.

En dépit de son nom, j'ai peine à croire que la victime des Juifs ait obtenu une si pompeuse sépulture; je veux bien admettre que les apôtres s'y cachèrent après la trahison du Jardin des Oliviers, mais c'est tout ce que je puis accorder à la tradition. J'aime mieux penser avec M. de Saulcy qu'il est, quoique postérieur à celui d'Absalon, encore de l'époque des rois de Juda, en dépit de l'ordre dorique qu'on y remarque. Les musulmans le nomment le Divan de Pharaon; il regarde la vallée, on pénètre dans l'intérieur par un beau vestibule soutenu par deux colonnes et deux demi-pilastres doriques, pris dans la masse même du rocher.

Encore quelques pas et voici un nouveau monument appelé, au IVe siècle, le tombeau d'Isaïe et aujourd'hui par les musulmans le tombeau de la femme de Pharaon, et par les Chrétiens le tombeau de Zacharie, peut-être celui qui fut tué entre le temple et l'autel. Il a quelque analogie avec celui d'Absalon, mais son couronnement est pyramidal. Nous retrouvons encore l'architecture égyptienne unie à l'ordre ionique. Jusqu'ici on avait attribué ces derniers ornements à Hérode qui l'aurait, disait-on, rajeuni de la sorte; nous persistons à ne voir dans ces mélanges que le cachet de l'architecture hébraïque.

Au pied de ces quatre remarquables mausolées, le sol est jonché de pierres sépulcrales sans importance : elles sont jetées au hasard, sans ordre ni symétrie : « Au désordre de toutes ces tombes fracassées, brisées, demi-ouvertes, on dirait que la trompette du jugement s'est déjà fait entendre et que les morts vont se lever dans la vallée de Josaphat[1]. » C'est qu'en effet nous sommes dans la vallée fameuse du dernier et solennel rendez-vous des nations. « J'assemblerai toutes les nations, dit le prophète Joël, et je les ferai descendre dans la vallée de Josaphat et là j'entrerai en jugement avec elles [2]. »

Les pierres que nous foulons sont les tombes des Juifs de toutes les parties du monde. De tous les lieux ils viennent finir leurs jours à Jérusalem et reposer près de leurs pères dans la redoutable vallée ; il y a longtemps, du reste, que les Juifs ont choisi ce lieu pour leur dernière demeure, car on lit au livre des Rois : «Josias fit sortir de la maison du Seigneur l'Aschera (Astarté) hors de Jérusalem dans la vallée du Cédron et la brûla dans la vallée du Cédron ; il la réduisit en poudre et en jeta la poussière sur *la sépulture des enfants du peuple.*» Ce passage me paraît prouver de plus qu'alors le

1. Chateaubriand.

2. On sait que le mot *Josaphat* signifie *jugement*, en hébreu ; en quelque lieu que se tiennent ces grandes assises du genre humain, ce sera donc toujours dans la vallée de Josaphat, c'est-à-dire du Jugement.

peuple n'était pas enseveli dans des chambres sépulcrales comme les gens riches, mais mis en terre comme de nos jours.

En avançant encore sur le flanc de la montagne des Oliviers, je rencontre une ouverture sombre et étroite : ce sont les tombeaux des Prophètes, *qbour-el-anbia*. De quels prophètes s'agit-il? On ne le sait pas, personne n'a encore interrogé avec succès cette demeure de la mort. Chez les Juifs beaucoup d'hommes sages et craignant Dieu avaient ce titre : il y avait même des écoles où l'on se préparait à ces fonctions respectées. Les Juifs prétendent que plusieurs de leurs rois furent déposés dans ces souterrains. M. de Saulcy suppose que ce furent le lépreux Osias ou les apostats Manassès et Ammon. Cette nécropole paraît d'une haute antiquité, et Josèphe semble la désigner sous le nom de *peristéreon* (colombier), mot qui rappelle les *columbaria* des Romains qui ont bien quelque analogie avec ces catacombes dans lesquelles nous allons pénétrer.

Armé d'une torche je descendis, non sans peine, par une ouverture en forme de puits. Plusieurs chemins, irrégulièrement taillés dans le roc ou dans le tuf, s'ouvrent devant moi : tantôt ils s'élargissent et forment des salles remplies de tombes vides; tantôt ils se resserrent au point que je ne puis les suivre qu'en rampant, jusqu'à ce que, l'air et la place me manquant à la fois, je sois obligé de revenir sur mes pas et de chercher de nouvelles galeries dans ce sombre labyrinthe. Les morts étaient déposés dans des niches creusées dans les parois des salles, mais ces salles et ces galeries n'ont pas la régularité des sépultures plus modernes que nous rencontrerons. Les éboulements, l'air vicié ou raréfié, la chaleur étouffante, se réunissent pour inspirer quelque répugnance à ceux qui se hasardent dans ce lugubre palais de la mort, et ce n'est pas sans une assez vive satisfaction qu'on en sort pour revenir enfin à la lumière du soleil.

On trouve épars aux alentours et généralement sur toute cette montagne, des buissons épineux nommés *paliurus spinæ Christi* : sans doute la couronne de Notre Seigneur Jésus-Christ en fut tressée ; ses bourreaux ont dû prendre pour assouvir leur haine brutale les branches de ces arbustes qui se trouvaient sous leur main.

Avant d'arriver à la fontaine de Siloé, située au pied de Jérusalem, à l'extrémité méridionale de la vallée, on montre le lieu où fut scié avec une scie de bois le prophète Isaïe. La fontaine de Siloé est au fond d'un antre obscur où l'on descend par un long et roide escalier de pierre. Pour comprendre le prix de cette source, il faut se rappeler qu'à Jérusalem le soleil est brûlant, le sol desséché, l'eau rare; on la conserve pendant les longs mois d'été dans des citernes où elle s'altère souvent, et il y a longtemps que le prophète a célébré les sources d'eau vive comparées aux citernes fangeuses: aussi rencontre-t-on presque toujours des bédouins demi-nus qui viennent puiser à la fontaine cette eau précieuse qu'ils emportent dans leurs outres hérissées de poils.

La fontaine de Siloé est du nombre des sources intermittentes; de là mille fables débitées sur son eau. Selon les uns, elle coula tout à coup pour désaltérer Isaïe martyrisé près de là, par ordre de Manassès; selon d'autres, elle donnait libéralement son onde salutaire à Titus et la refusait aux révoltés juifs.

M. l'abbé Azaïs raconte qu'un jour l'eau ne paraissant pas aussi promptement qu'à l'ordinaire, phénomène fréquemment observé dans les sources de cette nature, les Arabes s'attroupèrent à l'entrée de la piscine; tout à coup un homme auquel la boue qui souillait ses vêtements et les toiles d'araignée suspendues à sa chevelure, donnaient un aspect étrange, parut à l'ouverture de la fontaine : les Arabes épouvantés fuient d'abord, puis se rassurant, reviennent vers cet être qu'ils prennent pour le mauvais génie qui retient les eaux. Ils allaient lui faire un mauvais parti, lorsqu'elles reparurent fort à propos pour sauver l'abbé Desmazure ; car c'était lui, qui venait d'explorer le souterrain qui met en communication la fontaine de Siloé et la source de Marie qu'on voit un peu plus loin ; on lui donne ce nom en souvenir de la sainte Vierge qui, dit-on, y venait souvent puiser comme les femmes arabes qu'on y voit encore aujourd'hui en grand nombre.

C'est à la fontaine de Siloé que les lévites venaient prendre l'eau qu'ils répandaient sur l'autel, à la fête des Tabernacles, en chantant : *Haurietis aquas de fontibus Salvatoris*. Une tour du même nom s'élevait près de là, elle s'écroula du temps de Jésus-Christ. « Pensez-vous, dit le Sauveur, que les dix-huit sur lesquels est tombée la tour de Siloé, fussent plus coupables que tous les autres habitants de Jérusalem ? » C'est dans ses eaux qu'il envoya se laver l'aveugle de naissance ; une église dédiée plus tard au Sauveur *illuminateur* conserva le souvenir de ce miracle.

En face de la fontaine, sur le mont du Scandale, est le village de Siloé.

Il semble collé au rocher dans lequel il est taillé; ses misérables maisons sont rangées en gradins les unes au-dessus des autres, sur le flanc abrupt de la montagne. M. de Saulcy y a signalé, le premier je crois, un petit monument monolithe, détaché de la masse du roc de trois côtés et orné d'une corniche égyptienne rappelant celles des tombeaux d'Absalon et de Zacharie. Une ouverture donne entrée dans une première chambre très-étroite, de laquelle on passe dans une seconde, sur deux parois de laquelle sont creusées deux niches en arceau.

Est-ce un tombeau? notre savant guide pense que Salomon n'aurait pas toléré une nécropole si voisine de ses jardins qui, nous le verrons, s'étendaient à quelques mètres au-dessous, dans la vallée. Si c'en était un, encore aurait-il son mérite, puisque, ne pouvant l'attribuer ni à l'art grec ni à l'art romain, force serait de lui assigner une époque plus reculée. Mais, ne serait-ce pas plutôt un de ces édifices religieux élevés par l'impiété de Salomon, et auxquels le mont du Scandale, sur lequel nous sommes, a dû son nom? La reine des Juifs était fille du roi d'Égypte; elle a, sans aucun doute, élevé de pareils monuments, alors qu'on en élevait à tous les dieux ; or, celui que nous avons sous les yeux a tous les caractères d'un monument égyptien[1].

Le fond de la vallée formait autrefois les jardins du Roi ; c'est par là que Sédécias et ses guerriers, quand ils virent la ville prise, se sauvèrent pour gagner le désert. C'est peut-être encore aujourd'hui le seul endroit consacré à des jardins, aux portes de Jérusalem. Les Arabes de Siloé y cultivent quelques légumes, au milieu desquels, gens, chevaux et chameaux passent sans scrupule, comme sans opposition de la part des propriétaires indolents. Une longue-vue, que portait mon compagnon de promenade, put seule les tirer de leur impassibilité; ils nous entourèrent, il fallut leur prêter l'instrument merveilleux, et quand ils surent s'en servir — c'est-à-dire ne pas fermer l'œil auquel ils l'appliquaient — ils l'admirèrent au point qu'ils l'auraient volontiers conservé.

1. Saulcy.

IX

Vallée de Benhennom. — Sion.

Nous sommes arrivés au point de jonction des deux vallées de Josaphat et de Benhennom. Dans ce lieu est un puits profond. Jérémie, au moment où les fils d'Israël partaient tristement pour la terre de l'exil, y cacha le feu sacré. Au retour de la captivité, Néhémie, chargé par le roi de Perse de rebâtir la ville, l'envoya chercher avec pompe : hélas! une fange infecte l'avait remplacé; Néhémie inspiré la répandit sur l'autel, elle y ralluma un feu miraculeux. Horace pensait peut-être à ce miracle, quand il a dit :

> ....Gnatia lymphis
> Iratis exstructa dedit risusque jocosque
> Dum flamma sine thura liquescere limine sacro
> Persuadere cupit: credat Judæus Apella,
> Non ego....

Le roi de Perse, moins sceptique, avait fait élever, en mémoire de ce miracle, un temple que

Néhémie nomma *Nephtar*, c'est-à-dire *purification*. Ce puits, qu'on appelle puits de Néhémie, puits de Job, ou peut-être mieux, puits de Joab, est très-profond; ses eaux, très-basses en été, débordent quelquefois en hiver; les Sarrasins le comblèrent de pierres, lors des Croisades. Aujourd'hui les Bédouins y viennent avec des ânes chargés d'outres, pour y puiser l'eau qui leur est nécessaire; ils la tirent péniblement au moyen de cordages et de poulies très-imparfaites.

La vallée des enfants d'Hinnom, dans laquelle nous entrons, rappelle l'impiété de Manassès et d'Achaz; c'est là qu'on adorait Moloch et Béelphégor, idoles infâmes que Josias renversa. Le fond de cette vallée est nommé Topheth dans les livres saints. Les bois plantés par Salomon y entretenaient une sombre horreur qui, jointe aux abominations qui s'y commirent, en fit pour les Juifs un lieu maudit, la Géhenne, que l'Écriture prend souvent pour l'enfer. Jérémie annonce qu'elle sera changée en lieu de sépulture : *sepelient in Topheth.*

La prophétie s'est vérifiée : dans les flancs de la montagne qui fait face au mont Sion sont creusés de nombreux tombeaux, au milieu desquels s'élève encore, comme la basilique de cette cité de la mort, un charnier en ruine. Là est Haceldama, le champ du sang, le lieu de sépulture des étrangers.

Toutes les nécropoles aux environs sont juives et creusées sur un plan uniforme. Une porte étroite et basse donne entrée dans un vestibule carré, taillé dans le roc; sur ce vestibule s'ouvrent les chambres sépulcrales, où les corps sont rangés dans des niches profondes. Ces chambres sont remarquables par leur régularité, la perfection des angles, la vivacité des arêtes, les ornements des parois ou des plafonds. Dans quelques-unes j'ai remarqué des peintures encore assez bien conservées, c'étaient des saints couronnés d'auréoles; sans doute, des chrétiens ajoutèrent ces images aux ornements de ces salles creusées depuis longtemps.

L'usage des Juifs était de déposer leurs morts dans ces niches, que sans doute chacun, comme en Égypte, préparait et ornait pendant sa vie. Le chef de la famille occupait la niche qui faisait face à la porte d'entrée, à droite et à gauche étaient rangés avec ordre ses parents et ses enfants. Quelquefois des morts plus illustres étaient déposés dans une salle qu'ils occupaient seuls. C'est ainsi sans doute que fut enseveli Jésus-Christ et Joseph d'Arimathie. Souvent les niches sont plus grandes, plus ouvertes, cintrées et creusées en largeur, comme aux catacombes de Rome, et non pas en profondeur, comme les autres. Enfin le peuple, qui ne pouvait faire les frais d'un sépulcre creusé dans le rocher, était mis en terre, et une pierre sans doute, peut-être même un monument, comme au tombeau de Rachel, s'élevait sur sa dépouille, pour en conserver la mémoire.

De la hauteur d'Haceldama, lorsque je me tourne vers la vallée, je retrouve le souvenir de deux fautes bien diversement expiées : à droite est le lieu où Judas, traître à son Maître, s'est pendu le désespoir dans l'âme; et à gauche, dans cette grotte peu profonde, saint Pierre, après avoir renié Jésus-Christ, vint souvent verser ces larmes amères dont l'abondance sillonna son visage. Tous deux avaient gravement péché, mais le second a eu confiance dans la miséricorde divine, et il n'en a pas moins mérité d'être le chef des apôtres et le représentant de Jésus-Christ sur la terre.

Un reste d'aqueduc se voit encore dans la vallée, il amenait à Jérusalem les eaux des piscines creusées par Salomon, non loin de Beitléhem. Enfin, c'est dans cette vallée que Melchisédech, roi de Salem, vint féliciter Abraham de sa victoire sur les cinq rois ses ennemis.

Nous sommes arrivés au sud de la ville ; la hauteur que nous avons devant nous est la fameuse montagne de Sion, jadis citadelle de Jérusalem; le séjour favori du saint roi David, qui la conquit sur les Jébuséens et la chanta mille fois dans ses admirables cantiques. Il y avait fait bâtir un palais; ce palais des terrasses duquel il aperçut Bethsabée, dont les jardins n'étaient sans doute pas éloignés.

Gravissons la sainte montagne. Du côté de la vallée, sa pente est assez rapide, mais du côté de la ville, des nivellements successifs et des ruines amoncelées l'ont rendue peu sensible.

Jadis, comme je l'ai dit, les remparts renfermaient Sion tout entier dans l'enceinte de la ville, qui s'étendait ainsi beaucoup plus vers le sud. Quand, en 1534, Soliman les fit rebâtir, le chef des travaux laissa une partie de la montagne en dehors des nouvelles murailles, ce dont Soliman paraît avoir ressenti un vif dépit, s'il faut en juger par la manière dont il le témoigna à l'architecte mal avisé, car il lui fit trancher la tête. Quand nous sommes donc arrivés sur le plateau du mont Sion, nous ne sommes pas encore dans la ville; cependant un petit groupe de maisons mérite de fixer notre attention.

Voici d'abord celle de Caïphe, ses ruines se voient encore chez les Arméniens. Une petite pièce sombre y servit de prison à Jésus-Christ, et l'énorme pierre qui fermait l'entrée du Saint-Sépulcre sert d'autel à la chapelle. C'est là que saint Pierre renia trois fois son divin Maître. Un peu plus loin, vous voyez le minaret d'une mosquée. Hélas! elle recouvre une ancienne église; on ne peut plus pénétrer, même en payant, que dans l'un des bas côtés resté en dehors de cette mosquée. Ce lieu était pourtant bien vénérable, car cette église fut bâtie par les Croisés à la place même du Cénacle.

La reine Sanche, qui racheta les Lieux Saints en 1342, comme nous l'avons dit plus haut, y avait établi des religieux. Ils y restèrent environ deux cents ans; mais à cette époque, un musulman n'ayant pu leur extorquer une somme d'argent qu'il leur demandait injustement, se vengea en les faisant chasser de leur sainte retraite, sous prétexte que ce modeste couvent pouvait servir de forteresse aux chiens de chrétiens, et, en outre, qu'il n'était pas convenable que des incirconcis fussent en possession du tombeau du saint roi David, que les musulmans croient enseveli en ce lieu. Si le premier motif était mauvais, nous verrons plus tard que le second n'était pas bon : mais qu'importait? fallait-il y regarder de si près? Aux réclamations de l'envoyé de François Ier, Soliman répondit : « Je rendrai ce lieu à ton maître quand il permettra dans ses États l'érection d'une mosquée. » Réponse peu courtoise, surtout si l'on pense que le prince auquel elle était faite, avait bravé l'opinion de l'Europe pour s'allier à ce même Soliman. Je m'agenouillai sous les arceaux de l'église des Croisés, et là, malgré les tracasseries des gardiens de la mosquée, qui me pressaient de sortir, je repassai dans mon esprit les divers événements qui se déroulèrent à cette place même : la Cène, les derniers entretiens du Sauveur avec ses apôtres, ces adieux que les circonstances rendaient plus touchants, l'institution de l'Eucharistie, le lavement des pieds. Plus tard, le Cénacle fut le berceau de l'Église naissante, le refuge des apôtres, l'asile de la sainte Vierge et des saintes femmes. Jésus-Christ s'y montra plusieurs fois après sa résurrection, saint Mathias y fut élu pour remplacer Judas, l'Esprit-Saint y descendit sur les apôtres pour les changer, des milliers de Juifs s'y convertirent, le premier concile s'y réunit. Que de souvenirs! Et là, à côté du Cénacle, était la maison de saint Jean. La sainte Vierge, que Jésus-Christ lui avait confiée à ses derniers moments, y vécut et y mourut.

Pendant que j'en baisais avec respect les derniers vestiges, des chants graves et lents attirèrent mon attention : une longue procession sortait de la porte de Sion et se dirigeait vers un champ jonché de pierres plates et longues; c'était le cimetière des Latins, et la foule que je voyais, accompagnait un religieux latin à sa dernière demeure. Il était couché sur un lit, revêtu de sa robe de bure qu'on avait cousue sur lui; le capuchon baissé cachait à demi son visage.

On creusa la fosse. Pour lui faire place, il fallut remuer des cendres encore récentes ; l'espace manque; on dispute aux Latins un dernier asile; on les poursuit encore au delà du tombeau. Le pauvre mort fut descendu tout habillé sans être enfermé entre les planches d'un cercueil; sur sa poitrine retombèrent d'abord, avec un bruit sourd, les ossements qu'on avait exhumés; puis on rejeta la terre; et enfin une pierre plate sans inscription compléta sa sépulture.

Quelque misérables que puissent paraître de

pareilles funérailles, combien ne sont-elles pas plus dignes dans leur simplicité que celles des Grecs ou même des Arméniens? Ici nous avons au moins le chant grave, les cérémonies imposantes, les prières sublimes et consolantes de la liturgie catholique ; la foi dans un avenir meilleur adoucit les regrets de ceux qui restent. Les dernières paroles sont de touchants adieux à un frère qui va nous attendre au port.

Chez les Grecs, avant l'arrivée du corps, un groupe de femmes entoure la fosse. Assises sur la terre fraîchement remuée, les yeux et la tête baissés, les mains croisées sur leurs genoux, elles chantent d'un ton lamentable les qualités du défunt. Ces larmes ne manquent pas de poésie, mais elles ne sont pas vraies. Le corps arrive porté sur un lit funèbre ; le prêtre fait fumer quelques grains d'encens, répand quelques gouttes d'huile, jette un peu de poussière; c'est la fin ; on s'est débarrassé d'un cadavre, on a parlé aux yeux des curieux, on n'a rien dit au cœur des affligés.

En parcourant le pauvre cimetière latin du mont Sion, j'ai remarqué une pierre fraîchement taillée ; c'est celle du comte de Coëtlosquet, mort au terme de son pieux pèlerinage; il repose sur une terre ennemie, les musulmans n'ont pas respecté sa dernière demeure ; les croix tracées sur sa pierre sépulcrale ont été lacérées.

Au delà du cimetière latin, dans un coin écarté, est un enclos grossièrement entouré de pierres entassées. Là aussi, l'on remarque quelques tombes, mais personne ne va verser sur elles une larme ou une prière, on se détourne d'un lieu maudit. Quels sont donc ces bannis d'entre les morts, qu'on relègue au loin comme on ferait parmi les vivants de lépreux ou de pestiférés?

Ce sont des chrétiens apostats!...

Les musulmans eux-mêmes, dont ils ont embrassé la religion, croiraient leurs nécropoles souillées par les restes de ces renégats. Comment donc ces lâches chrétiens ne sont-ils pas au moins arrêtés par le mépris dont ils voient les Arabes eux-mêmes flétrir après eux leur mémoire ?

Il ne reste plus rien aujourd'hui du palais que Salomon fit construire sur le mont Sion, palais où la reine de Saba vint admirer ce monarque, et reconnaître que la réalité l'emportait encore sur la renommée qui célébrait partout sa gloire ; cependant, dans la ville, un exhaussement de terrain qu'on retrouve par places, indique la direction d'une chaussée qui unissait ce palais au temple du Seigneur.

Plus tard, Hérode eut aussi son palais sur la montagne sainte, et pour la séparer du reste de la ville, il éleva ce mur, qu'on jugeait alors inexpugnable, et que renforçaient encore les trois fameuses tours Hippicos, Phazael et Marianne, dont on croit retrouver des traces dans ces assises gigantesques qui servent de fondement aux murs actuels du côté du midi.

Voilà ce qu'offre aujourd'hui le mont Sion, en dehors de la ville, à la curiosité ou à la piété des étrangers. En rentrant par la porte de Sion, l'on peut voir la place de la maison de saint Thomas et celle d'Anne, le grand prêtre; c'est aujourd'hui le couvent des religieuses arméniennes; puis à côté, une petite église schismatique bâtie sur le théâtre d'une des scènes les plus charmantes des Actes des apôtres. Saint Pierre, délivré des fers par l'ange du Seigneur, vint frapper à la porte de la maison de Jean Marc. En reconnaissant sa voix, Rhode, la servante de la maison, fut si troublée par la joie, qu'elle oublia d'ouvrir la porte, mais courut annoncer l'arrivée de Pierre à ses maîtres. « Tu es folle, » lui répondait-on; mais elle affirmait qu'elle ne se trompait pas. Pierre cependant frappait toujours; on lui ouvrit enfin, et sa vue remplit tous les assistants de stupeur et d'allégresse.

C'est encore dans cette partie de la ville que sont bâtis le temple et l'hôpital des Protestants dont j'ai parlé, ainsi que le beau couvent des Arméniens schismatiques, sur la place de la maison de saint Jacques le Majeur, qu'Hérode fit tuer pour plaire aux Juifs. On indique encore le lieu de sa décollation. L'église du couvent est fort richement ornée de peintures, de dorures et de mosaïques.

Les imposantes constructions et l'énorme tour carrée qui flanquent la porte de Jaffa par laquelle nous sommes entrés, se nomment aujourd'hui la tour de David ; peut-être s'élève-t-elle sur l'emplacement de l'antique palais du roi-prophète ; la tradition voit même, sans que la science lui refuse cette satisfaction, les restes de ce palais dans ses assises inférieures composées de blocs gigantesques ; ils s'élevaient encore à une hauteur de dix coudées au XIIe siècle, s'il faut en croire Benjamin de Tudèle. Au moyen âge, la tour de David s'appela le château des Pisans, *castel Pisano ;* sans doute ils en étaient les maîtres alors que leur marine florissante leur faisait jouer un si grand rôle dans les expéditions d'outre-mer.

On peut apercevoir à quelque distance hors des murs la piscine de Babila, et entre elle et la ville, s'étendait le champ du *Foulon*, où Sennachérib campait lorsqu'en une nuit l'ange du Seigneur frappa de mort cent quatre-vingt mille de ses guerriers; c'est là que Salomon fut sacré par ordre de David ; là aussi qu'Isaïe annonça la naissance miraculeuse de Jésus-Christ, en disant : « Voilà qu'une vierge concevra et enfantera un fils, et elle l'appellera Emmanuel. »

X

Tombeaux des Rois. — Quartier des Juifs.

Quand on connaît le Saint Sépulcre et les couvents latins, la partie occidentale offre peu de monuments dignes d'intérêt. Remontons donc vers le nord, où se trouve la porte de Damas.

Quand on sort par cette porte, on rencontre d'abord la grotte de Jérémie; tel est le nom vulgaire. M. de Saulcy pense qu'elle reçut les dépouilles des derniers princes asmonéens. Quant à moi, quand je vois ces parois gigantesques, ces sombres cavités, ces rochers accumulés sur d'autres rochers, ces colonnes dressées par la main de Dieu; quand j'entends les oiseaux de nuit, que le silence et les ténèbres ont attirés, s'envoler au moindre bruit en poussant des cris plaintifs, j'aime mieux penser à Jérémie, et croire qu'il habita quelquefois cette lugubre caverne. J'aime à m'asseoir sur un bloc énorme qui forme comme un siége naturel au fond de cet antre obscur; j'y relis les *Lamentations.*

J'ai pour compagnons, des hiboux et un santon; ce dernier a entouré d'un mur un petit espace — son oratoire — où l'on n'entre dévotement que pieds nus.

Il montre près de là une citerne; son orifice est étroit, mais bientôt il s'élargit. On se trouve dans un immense réservoir solidement construit en pierres de taille; sa voûte est soutenue par des colonnes élancées; une eau sombre et profonde vient baigner vos pieds. C'est dans cette citerne, assure-t-on, que Jérémie fut descendu par le peuple irrité de ses lugubres prophéties et de l'audace de ses avertissements.

A dix minutes de là, on trouve un chemin taillé dans le rocher, qui descend en pente douce jusqu'à une salle carrée, à ciel ouvert, à demi remplie de décombres, et dans laquelle on entre par une porte cintrée. Sur sa face occidentale s'ouvre un beau vestibule, que soutenaient jadis deux colonnes prises dans le rocher; aujourd'hui elles sont brisées, mais on voit encore au-dessus un reste de frise soigneusement sculpté; au centre est la grappe de raisin des monnaies hébraïques. Sous le vestibule à gauche s'ouvre une porte basse qu'on ne peut franchir qu'en rampant ; elle donne entrée dans les caveaux. Ces caveaux jadis étaient fermés par des portes en pierres très-épaisses, dont on retrouve encore quelques fragments; ils contiennent des niches creusées dans les parois, comme dans les chambres sépulcrales de la vallée de Benhennom. Cette nécropole est connue sous le nom de tombeaux des Rois (Qbour-el-Molouk).

De quels rois s'agit-il ? Ceux de nos anciens pèlerins qui en ont parlé semblent avoir souvent confondu ces tombeaux avec d'autres ; la lumière ne jaillit pas de leurs récits.

M. de Chateaubriand, après un mûr examen, n'osait y voir les sépulcres des rois de Judas, qu'il plaçait dans Jérusalem même, ni ceux des princes asmonéens qui sont à Modin ; il était disposé, en se basant sur d'anciennes descriptions topographiques, à y reconnaître le tombeau d'Hélène, reine d'Adiabène, ou d'Hérode le Tétrarque.

La question en était là, c'est-à-dire dans la plus grande obscurité, lorsque M. de Saulcy vint l'éclairer de ses savantes investigations. J'analyse son curieux article. Il procède par voie d'exclusion, et montre d'abord à qui ces tombeaux ne peuvent appartenir, pour prouver ensuite à qui on doit les assigner. Ils ne sont donc pas ceux des Machabées enterrés à Modin; ni ceux des Hérodes, retrouvés aux lieux indiqués par Josèphe; ils n'appartiennent pas davantage à Hélène, reine d'Adiabène, ou à son fils Izates qu'il faut chercher près de la tour Pséphina. Il ne reste que les rois de Judas à qui on puisse les attribuer, et l'on est tenté de le faire si l'on remarque, que le nombre de tombes achevées correspond précisément au nombre des monarques enterrés, selon le témoignage des saintes Écritures, dans la nécropole des aïeux, et le nombre de tombes inachevées, à celui des rois qui n'ont pu y recevoir la sépulture.

Mais il y a plus. Les rois de Judas n'ont pu être ensevelis que là : leurs tombeaux ne pouvaient être situés à l'intérieur de la ville qu'ils auraient entachée d'impureté, et quand l'Écriture dit qu'ils furent enterrés dans la ville de David, il faut entendre non pas Jérusalem, dans l'enceinte de laquelle on ne pouvait déposer de tombeau, mais bien aussi ses alentours.

Les musulmans ont, il est vrai, la pensée que David repose sur le mont Sion, dans la mosquée du Cénacle; mais c'est une opinion sans fondement : jamais, avant eux, l'antiquité ne le crut.

David n'est pas plus à Nabi-Daoud que Moyse à Nabi-Mousa; les musulmans aiment beaucoup à s'entourer de leurs saints, ils se persuadent facilement qu'ils possèdent leurs dépouilles, et voient partout des traces de leur passage sur la terre. Tout semble donc indiquer que les tombeaux en question sont ceux des rois de Judas, et que le sarcophage que nous possédons au Louvre aujourd'hui, et qui occupait la place d'honneur dans cette nécropole, est celui de David, le chef de la dynastie de ces rois.

Deux remarques qui méritent d'être faites, c'est que ces chambres renfermaient des sarcophages, contrairement à l'usage des Juifs qui déposaient le corps embaumé dans les niches sépulcrales; c'est ensuite qu'à côté de ces tombes on remarque des réduits destinés à recevoir les trésors enterrés avec les rois, réduits qui ne se remarquent nulle part ailleurs. Quant à l'architecture de ce curieux monument, elle n'est pas grecque comme le pensait M. de Chateaubriand, qui voyait volontiers la Grèce en toute occasion; elle est ce mélange d'architecture assyrienne et égyptienne, qui constitue, avec l'ornementation végétale, l'architecture hébraïque dont on voit là le plus beau spécimen.

A un kilomètre plus loin, au milieu d'autres tombeaux nombreux, il est encore une excavation sépulcrale qui attire l'attention des voyageurs; je veux parler des tombeaux des juges (Qbour-el-Qodha). Nous y retrouvons toujours le vestibule des sépultures juives; à l'extérieur, le tympan du fronton est couvert de rinceaux de feuillages, de fleurs et de fruits. Ces rinceaux offrent cette particularité remarquable, qu'au lieu d'être disposés symétriquement des deux côtés du fronton, comme les Grecs n'auraient pas manqué de le faire, ils opposent une branche convexe d'un côté à une branche concave de l'autre. C'est encore, selon M. de Saulcy, un des caractères de l'art judaïque. Les niches sont très-nombreuses, quelquefois sur deux rangs; enfin les chambres occupent deux étages : on semble même avoir voulu en commencer un troisième qu'une révolution, peut-être, aura forcé d'interrompre. On ignore quels sont les juges enterrés en ce lieu.

Un monument et un quartier nous restent encore à visiter : c'est le quartier juif et la mosquée d'Omar élevée sur l'emplacement du temple fameux de Salomon.

Sur notre chemin se trouve la magnifique citerne d'Hélène : on y descend une torche à la main. Un large escalier de cinquante marches conduit jusqu'à l'eau qui vient baigner vos pieds; la citerne, creusée tout entière dans le roc, a des proportions immenses; la flamme des torches ne peut dissiper les ténèbres. Cette eau sombre et profonde, dont les reflets de la lumière trahissent seuls l'existence, vous fait penser au Styx. Les parois semblent fuir devant vous; le vide vous attire, vous donne le vertige; vous croyez sentir une main invisible qui vous pousse dans l'abîme; un frisson involontaire parcourt tous vos membres, et vous ne respirez qu'en retrouvant enfin au sortir de cet antre et l'air et le soleil.

La citerne d'Hélène nous conduit dans le quartier des Juifs. Malgré leur malpropreté devenue proverbiale, on ne peut s'empêcher d'être saisi d'étonnement en mettant le pied dans ces ruelles immondes; le *ghetto* le plus sale est encore splendide auprès de celui de Jérusalem. On voit apparaître des figures auxquelles on n'était pas habitué : le type juif brille dans toute sa pureté; on reconnaîtrait là les enfants d'Israël, quand même ils ne laisseraient pas pousser de chaque côté de leur visage deux longues mèches de cheveux.

Bien qu'un motif pieux, en général, les amène

et les retienne à Jérusalem, cependant leur esprit mercantile ne les abandonne pas, et ils se vengent de leurs vainqueurs uniquement en leur vendant. Rien n'est plus varié que leurs boutiques; il n'est rien qu'on n'y trouve ; tout est entassé pêle-mêle : des étoffes et du pain, des drogues et des quartiers de viande sanglante, des sandales et des pipes, de l'essence de rose et du tabac. Aux étrangers, ils offrent une foule de choses curieuses : des médailles frappées sous David ou Salomon, des monnaies romaines, des agrafes de toges, des pierres ciselées; enfin il n'est personne, quels que soient ses goûts ou ses besoins, qui ne puisse trouver à les satisfaire, et qui ne revienne du quartier juif la bourse vide et les mains pleines.

Peut-être n'aurait-on jamais le courage d'y mettre le pied, si l'on n'y était attiré par un spectacle déchirant et bien fécond en enseignements. Hélas! ces malheureux Juifs ont voulu que le sang du Juste retombât sur leurs têtes, et voilà que depuis dix-huit cents ans la malédiction divine pèse sur eux et les poursuit sans relâche.

Tous les vendredis, précisément à l'heure de l'agonie du Sauveur, de une heure à trois, vous voyez ces malheureux sortir de leurs misérables maisons, de leurs rues empestées; et où vont-ils avec cet air morne et ces vêtements lugubres? ils vont, en se frappant la poitrine et en sanglotant, sur les dernières ruines de leur temple. Là, ils pleurent la chute de leur ville, l'abaissement de leur patrie et sa grandeur passée. Dans cette cité, qui fut leur glorieuse capitale, ils ont acheté à prix d'argent, de l'étranger, la permission de se réunir sur cette étroite place. On passe au milieu d'eux, ils ne vous voient pas; couchés dans la poussière, hommes, femmes, enfants, font entendre des plaintes déchirantes; les uns lisent les prophéties qu'ils ne comprennent pas, d'autres se meurtrissent le visage et se frappent le front contre le dernier pan de mur de leur temple autrefois si glorieux. Ce devait être une bien belle patrie que celle qui inspire à ses enfants des regrets si vifs et si persévérants!

Là, était vraisemblablement la *Porta speciosa*, où saint Pierre guérit un boiteux qui lui demandait l'aumône; premier miracle qui valut aux apôtres de nombreuses conversions, la haine des magistrats et la gloire d'être jetés pour leur divin Maître dans les cachots de la cité.

Ce mur a encore un autre mérite; un grand intérêt archéologique s'y rattache, selon M. de

Saulcy. Il y voit un magnifique spécimen de l'architecture et de l'appareil salomoniens — c'est ainsi qu'il appelle les constructions hébraïques du temps de Salomon. — Je laisse la parole au savant voyageur :

« Ce mur, dit-il, se nomme aujourd'hui Heit-el-Morharby ; sur une hauteur de plus de douze mètres, la construction salomonienne est restée intacte. Jusqu'à deux ou trois mètres au plus du faîte de la muraille, les assises de blocs en bossage sont superposées. »

« Il suffit d'un seul coup d'œil pour reconnaître que la tradition juive est vraie, et que ce mur appartient bien réellement à l'enceinte construite par leur roi Salomon. Jamais un mur semblable n'a été construit ni par des Grecs ni par des Romains ; nous avons donc infailliblement là un magnifique échantillon de l'appareil purement hébraïque. »

« Dans les assises inférieures, les blocs sont assez régulièrement d'une largeur double de leur hauteur ; parfois cependant des blocs carrés se trouvent juxtaposés entre des blocs à grande largeur ; les quatre dernières assises vers le sommet du mur sont formées de blocs carrés, sauf l'avant-dernière, qui est composée de blocs trois fois plus longs que hauts. A mesure que les assises s'élèvent au-dessus du sol, les dimensions des blocs diminuent. Enfin, chaque assise est en retraite de cinq centimètres sur celle qui la précède, et les retraites successives déjà constatées à l'angle sud-ouest de l'enceinte, constituent un fruit considérable pour la muraille salomonienne.... Enfin le mur primitif est couronné à son sommet par quelques assises régulières, il est vrai, mais formées de petites pierres de taille. Ces assises sont évidemment de construction relativement très-récente, et il ne me paraît pas possible d'en faire remonter l'âge plus haut que l'époque musulmane. »

« Sur la face du mur salomonien se voient des entailles considérables, qui ont servi, à une époque indéterminée, à appliquer un fronton à ce point de l'enceinte du temple. Peut-être ont-elles été pratiquées lors de la reconstruction du temple par Hérode, pour qui l'emploi des frontons devait être tout naturel. D'un autre côté, y eut-il au-dessous de ce fronton une porte ou poterne donnant accès dans l'enceinte sacrée et percée dans la muraille primitive? Je l'ignore. Il faudrait, pour s'en assurer, pouvoir pénétrer dans les maisons particulières qui masquent le mur en ce point; mais, en pareil pays, la chose n'est pas facile à tenter, je le sais par expérience [1]. »

De l'examen de ce mur et de quelques autres débris, M. de Saulcy tire les conclusions suivantes : « Nous pouvons, en résumant, énumérer déjà des faits architectoniques qui doivent nous donner une très-haute idée de la science des constructions pratiquées par les Juifs, dès le règne de Salomon, c'est-à-dire plus de dix siècles avant l'ère chrétienne. Les murailles étaient bâties de magnifiques blocs en bossage, jointoyés avec un soin extrême et atteignant des dimensions très-imposantes. Pour que les conditions de solidité fussent remplies, le fruit à donner à ces murailles n'était pas insensiblement réparti sur toute leur hauteur; mais les assises superposées étaient de hauteur parfaitement régulière, afin que chacune d'elle pût être en retraite de cinq centimètres environ sur l'assise précédente. Enfin l'usage de la voûte circulaire et de l'encorbellement pour les sols de balcons existait chez les Juifs, et ceci implique forcément une science très-avancée de la coupe des pierres et de l'appareillage des voussoirs. L'art judaïque avait donc des ressources

1. De Saulcy, *De l'Art judaïque*, *Revue contemporaine*.

que les Égyptiens eux-mêmes n'avaient pas, puisqu'il paraît très-probable que ceux-ci n'ont pas connu la construction des voûtes. »

« C'est des Assyriens, dit ailleurs M. de Saulcy, qu'ils (les Juifs) ont appris à construire les voûtes[1], » et il fonde cette opinion sur les découvertes faites à Ninive par M. Place.

1. De Saulcy, *De l'Art judaïque.*

XI

Mosquée d'Omar.

Sur l'emplacement du temple a été bâtie la fameuse mosquée d'Omar, la plus vénérée de toutes après celle de la Mecque. Les musulmans en sont si jaloux, qu'aucun chrétien n'y avait pénétré ostensiblement avant LL. AA. RR. le duc et la duchesse de Brabant, et que depuis elle est rentrée dans le mystère dont le voile n'a été un instant déchiré, que par un renversement aussi extraordinaire que significatif de toutes les idées musulmanes. Il faut que l'islamisme soit bien ébranlé sur ses bases pour qu'on ait permis à un chrétien d'entrer dans cette mosquée, dont la peine de mort avait jusqu'alors défendu l'inviolabilité sacrée. Le téméraire qui, sans entrer dans le parvis, se serait simplement aventuré sous les longues voûtes qui y conduisent, aurait couru le risque d'être bâtonné de la manière la plus cruelle; anciennement même, la regarder de loin avec attention, n'était sûr ni pour le curieux, ni pour celui qui favorisait sa curiosité.

Toutefois, avant le voyage du duc de Brabant, de rares et intrépides Européens étaient parvenus, grâce à un déguisement complet et à une grande connaissance de la langue et des mœurs, à franchir les limites de l'enceinte sacrée ; le dernier de ces audacieux fut, je crois en 1847, un Anglais, M. Williams, auquel je vais emprunter sur la célèbre mosquée quelques détails intéressants par la rareté même de pareilles descriptions[1].

La principale mosquée se nomme *es-Sakrah* ou *de la Roche*, à cause du rocher du mont Moriah, sur lequel elle est bâtie, et qu'on y vénère comme ayant servi d'autel au sacrifice d'Abraham.

Elle s'élève au milieu d'un vaste parvis ; plusieurs portes y conduisaient autrefois, mais il n'existe plus aujourd'hui que deux entrées publiques, l'une à l'ouest et l'autre au nord. Ce parvis, comme on peut le voir du dehors, est planté d'arbres qui l'ombragent, et de nombreuses fontaines y rafraîchissent l'air embrasé : aussi la foule des oisifs y va-t-elle passer de longues heures dans les charmes du *kef*, le superlatif du *far-niente* ita-

1. The holy city, by Williams, 1849.

lien, et les poëtes arabes célèbrent-ils à l'envi les délices de ce lieu, qu'ils comparent au paradis.

Tout autour du parvis, on remarque plusieurs petits bâtiments : ce sont des oratoires, des lieux de dévotion, des tombeaux vénérés, des cellules de santons. La plate-forme sur laquelle est bâtie la mosquée a quatre cent cinquante pieds (anglais) de l'est à l'ouest sur cinq cent cinquante du nord au sud ; elle est pavée de marbre.

La mosquée est de forme octogone; chaque côté a soixante-sept pieds de largeur sur quarante-six de hauteur; cette partie est ornée de marbres variés. Au-dessus est un mur circulaire; puis le dôme, de quarante pieds environ, surmonté du croissant. Les proportions et l'ensemble du monument sont fort beaux : quatre portes, ornées de quatre porches et tournées vers les quatre points cardinaux, y donnent entrée; celle du sud est la plus ornée.

A l'intérieur, deux bas côtés concentriques sont séparés entre eux par huit piliers faisant face aux huit angles, et seize colonnes supportant ensemble vingt-quatre arceaux en ogive. Le dôme est soutenu par douze colonnes et quatre piliers reliés par seize arceaux. Les chapiteaux des colonnes sont d'ordre corinthien, les fûts de marbres précieux, débris sans doute de monuments plus anciens. Le mur circulaire, que j'ai dit être au-dessus du mur octogone, et que supportent les seize colonnes dont je viens de parler, est divisé en deux parties qui peuvent représenter ce que nous nommons le *triforium* et le *clerestory*. Au-dessus s'arrondit le dôme immense. Les ornements de ces deux parties de l'édifice rappellent les arabesques de l'Alhambra.

Sous le dôme est la roche calcaire du mont Moriah. Elle dépasse de cinq pieds le marbre du pavé ; sa forme est irrégulière ; elle a cinquante pieds de largeur sur soixante de longueur.

Au sud-est de cette roche, un escalier conduit dans une excavation irrégulière. Au milieu de son pavé, est un bloc de marbre de forme ronde, qui rend un son sourd lorsqu'on le frappe.

Tel est l'intérieur de la mosquée : on voit que le mystère n'a pas peu contribué à sa fabuleuse renommée.

Quand on sort par la porte orientale, on trouve un petit dôme, qu'on dit avoir servi de modèle au grand.

En redescendant vers le sud, on arrive à la mosquée *El-Aksa.* C'est une ancienne église bâtie par les Croisés, pour honorer la présentation de la sainte Vierge au temple. On y retrouve le gothique uni à l'architecture sarrasine. Son porche, qui sert de façade, est divisé en sept compartiments percés de sept portes ; mais celle du milieu est la seule dont on se serve.

L'intérieur présente une nef avec transept et trois bas côtés. La nef est supportée de chaque côté par sept arches dont l'ogive est légèrement accusée, au-dessus desquelles sont deux rangées de vingt et une fenêtres. Les colonnes sont toutes différentes. Au-dessus du point d'intersection de la nef et du transept, s'élève un dôme orné d'arabesques ; il repose sur quatre énormes piliers et quatre arceaux, reliés ensemble par d'autres arceaux plus petits, portés par des colonnes de marbre noir et d'ordre corinthien, qu'on suppose tirées des ruines de l'ancienne Jérusalem. Sur le mur du sud est une tribune très-ornée, et à la naissance du dôme une galerie en bois sculptée pour les musiciens. Le transept oriental conduit à une voûte basse appelée mosquée d'Omar; celui de l'ouest à la mosquée d'Abou-Bekr. A côté, se trouve la mosquée, puis la porte des Maugrabins, et au nord une chambre souterraine ; c'est le lieu d'où Mahomet s'est élevé dans le ciel, monté sur le fameux El-Borak. Dans le mur de cette chambre, on voit encore le haut d'un magnifique portail, formé d'une seule pierre de vingt pieds de long; ce serait, si l'on en croit Ali-Bey, le dernier reste d'une des portes du temple.

Sous le porche de la mosquée El-Aksa est un tombeau curieux : c'est celui des meurtriers de Thomas Becket, archevêque de Cantorbéry. Il paraît que, pour expier leur crime, ils auraient été condamnés à faire le pèlerinage de Terre Sainte; qu'ils y seraient morts et auraient été ensevelis sous le porche de la nouvelle église de la Présentation, aujourd'hui El-Aksa.

Toute cette partie de la ville est sillonnée de souterrains et de voûtes, dont la date n'est pas exactement connue, mais qui pourraient fort bien remonter au temps de Salomon. On ne saurait trop déplorer le fanatisme musulman qui interdit aux voyageurs l'entrée de cette curieuse enceinte. C'est surtout dans ce sol où s'éleva le temple des Juifs que des fouilles seraient assurément fructueuses et amèneraient des résultats précieux pour initier à la connaissance des arts et de l'architecture judaïques. Espérons que l'exception faite en faveur du duc de Brabant ne sera pas un fait isolé, et que dans un avenir prochain la science et la civilisation seront appelées à recueillir leur part dans la succession de l'islamisme, dont l'édifice s'ébranle et craque de toutes parts au souffle de l'indifférence et de la corruption.

L'islamisme se borne, pour le dogme, à la croyance à un Dieu unique, à l'immortalité de l'âme, à la rémunération future, et à l'inspiration de Mahomet; tout ce qui reste en dehors de ces articles de foi et dépasse les bornes de la raison *musulmane*, est laissé à la libre croyance des fidèles.

Les ablutions forment, avec la prière et le jeûne du Ramazan, le pèlerinage à la Mecque et la dîme, le fond de la pratique.

Les ablutions firent partie de tout temps en Orient des prescriptions religieuses. Mahomet les emprunta aux Juifs. Sans doute un motif d'hygiène l'y engagea, comme aussi à défendre certaines viandes ou certaines liqueurs fermentées.

Devant chaque mosquée s'élève une fontaine, dont l'eau coulant dans un bassin rafraîchit l'air embrasé. C'est un premier bienfait, ce n'est pas le seul : Avant d'entrer dans la mosquée, chaque croyant s'approche de la fontaine, il relève ses vêtements et procède aux ablutions. Les uns les commencent par le petit doigt de la main; ce sont les *sunnites*, sectateurs d'Omar, répandus dans presque tout l'empire ottoman; mais d'autres— affreux hérétiques ou *chyites*—sectateurs d'Ali, commencent par le coude : les chyites dominent surtout en Perse. Après le petit doigt, le croyant continue ce bain salutaire. Il se lave les bras, puis les jambes et les pieds, ce qui n'empêche pas ses voisins de se purifier dans le même bassin la tête et le visage. Les ablutions terminées, le croyant dépose ses babouches à la porte de la mosquée, puis va se joindre au reste du troupeau fidèle et prier avec lui.

Cinq fois par jour, du haut du minaret de chaque mosquée, la voix du *muezzin* retentit; il jette aux quatre vents cet appel à la prière que M. de Lamartine préfère à celui de nos cloches. J'avoue que je ne comprends pas cette opinion : M. de Lamartine ne trouve donc rien de touchant dans cette grande voix de l'airain, tantôt triste et lugubre, tantôt semant l'allégresse et la vie du haut d'un clocher, quelquefois grandiose et solennelle? J'ai peur qu'ici le poëte ne se soit effacé devant le philosophe; qu'il n'ait voulu faire de la tolérance, et craint de ne pas tenir la balance égale entre Mahomet et le Christ, s'il ne donnait la préférence aux hurlements du muezzin, qui appelle à la prière, sur les vibrations de la cloche qui convoque à la messe.

C'est un beau spectacle pourtant à voir que la prière à la mosquée. J'avais un drogman très-dévot, qui me laissait trop souvent à la porte du lieu saint, dont je ne pouvais franchir le seuil. De là je voyais dans l'ombre du sanctuaire l'*iman* tourné vers la Mecque ; il précédait de quelques pas les croyants assemblés. Sa voix mâle entonnait la prière ; tous, tombaient ensemble le visage contre terre ; tous, se relevaient à la fois.

A la même heure, ceux des croyants qui ne peuvent se rendre à la mosquée s'arrêtent dans leur travail, à la voix qui descend du minaret. Ils étendent leur manteau sur la terre et font en particulier leur prière en quelque lieu qu'ils se trouvent, et quels que soient ceux qui les observent. Ah ! que ne sont-ils chrétiens ! pourquoi faut-il qu'ils dépensent pour l'erreur un zèle qui siérait si bien à la vérité ! Quelle honte aussi que tant de chrétiens ne leur puissent être comparés sans désavantage, et qu'ils rougissent de leur religion sainte, tandis que les malheureux musulmans affichent hautement le culte odieux qu'ils professent !

J'ai parlé d'abord de ce qu'il y a de plus louable

dans le culte de Mahomet; car si leur jeûne du Ramazan est rigoureux; s'il est supporté pendant le jour avec une exactitude exagérée, en suivant servilement la lettre de la loi, il faut reconnaître qu'on fait bon marché de l'esprit, et qu'on se dédommage singulièrement des austérités de la journée, quand l'heure est arrivée où l'on ne peut plus distinguer *un fil blanc d'un fil noir*.

J'ai parlé ailleurs de la polygamie ; il est inutile d'y revenir, et la loi religieuse qui l'autorise, est jugée.

Quant au corps chargé de l'interprétation des livres sacrés et des cérémonies du culte, qu'y a-t-il de plus méprisable? Ce corps, c'est l'*uléma*. Il se divise en deux branches : la branche judiciaire, dont j'ai parlé, à laquelle appartiennent les interprètes de la loi ou *muftis* et les juges ou *cadis;* et la branche religieuse, dont font partie les ministres du culte ou *imans* [1].

L'uléma représente à peu près, dans l'islamisme, le clergé séculier ; les derviches et les santons en sont les religieux. A part ceux qui se livrent à l'étude ou à la contemplation et ont le bon goût de se laisser peu voir, rien n'est plus repoussant et

1. Ubicini.

plus hideux que ces hommes qui parcourent les chemins en volant et en pillant, ou les villes en mendiant dans un costume à peine décent. La décence est bien ce qui les préoccupe le moins; tous les jours on les voit nus dans les mosquées, se livrer à des contorsions ou à des exercices excentriques : ce sont pourtant là les saints vénérés de l'Orient. Presque tous vivent dans la plus infâme débauche; l'inspiration qu'ils simulent leur fait tout pardonner; on tient à honneur d'avoir été victime de ces saints personnages, et les femmes, même en public, ne sont pas à l'abri de leurs brutalités. Il paraît pourtant que cette exaltation n'est pas toujours factice, et j'ai entendu raconter, par des personnes graves et dignes de foi, des faits qui pourraient donner à penser qu'ils ont, quelques-uns du moins, avec les puissances infernales des relations qui leur permettent de faire des choses effrayantes. Mais ce n'est encore là qu'une partie du mal dont ils sont cause. Ils sont plus funestes peut-être au pays qu'ils dominent, par l'opposition qu'ils apportent à toute idée de réforme, avec d'autant plus de succès que leur organisation est plus forte et leur pouvoir plus étendu.

C'est que la réforme, en éclairant le peuple,

ruinerait leur crédit. Ils le savent : elle n'élèvera son édifice de régénération que sur les ruines de leur échafaudage d'impostures.

J'ai fini; j'ai parcouru la cité sainte et salué les lieux mémorables qu'elle renferme, je n'ai oublié aucun des souvenirs qu'elle réveille; il faut partir.

Ah! ce ne fut pas d'un œil sec que, pour la dernière fois peut-être, je saluai cette ville qui me semblait aussi une patrie. Que renferme-t-elle donc pour qu'on s'attache ainsi à elle? par quelle vertu secrète force-t-elle l'étranger à l'aimer? Sans richesses, sans beaux-arts, sans commerce, sans plaisirs, en un mot sans vie, avec des ruines, elle avait captivé mon âme, j'y éprouvais un bonheur et un calme bienfaisant que je ne puis m'expliquer.

En effet, loin de ma terre natale, sans amis, j'y passais en étranger. Je n'y trouvais pas, comme les Juifs qui s'y donnent rendez-vous de tous les points du monde, des souvenirs d'une gloire perdue, ou des espérances d'un avenir meilleur. Sans doute Jérusalem n'est pas une ville ordinaire, et les sentiments qu'elle inspire n'ont pas une cause naturelle. Aujourd'hui encore, mon cœur ne s'émeut-il pas en pensant à elle : « *Et flevimus cum recordaremur Sion.* » Ah ! que jamais son souvenir ne m'abandonne.

« *Si oblitus fuero tui, Jerusalem, oblivioni detur dextera mea.* »

FIN.

TABLE.

FIN DE LA TABLE.

Ch. Lahure, imprimeur du Sénat et de la Cour de Cassation (ancienne maison Crapelet), rue de Vaugirard, 9.

www.ingramcontent.com/pod-product-compliance
Ingram Content Group UK Ltd.
Pitfield, Milton Keynes, MK11 3LW, UK
UKHW012023240726
13965UKWH00002B/531